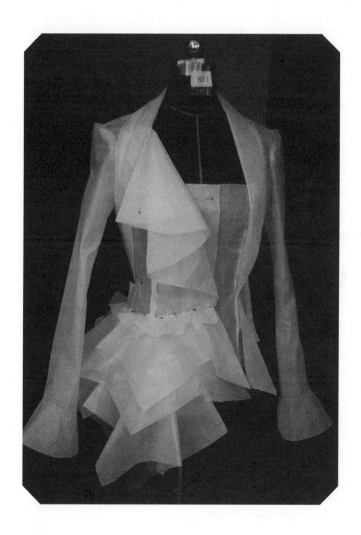

内 容 提 要

本书从服装设计一体化教学课程训练着手，探讨服装设计知识体系的完整贯穿与衔接，通过相关教学内容与课题设计的实践范例，分析、揭示了服装设计的艺术表现形式和服装工艺技术的内在关系。

全书共分为服装设计与服装结构、服装设计原型结构应用与立体试型、服装设计结构原创模拟、创新设计综合实践、目标设计作品实践五个章节。

本书思路新颖，实践内容丰富，服装设计知识构架关联密切，实践环节以立体试型解读平面与立体的转换关系，同时注重设计艺术的想象与工程技术的数理性逻辑分析。范图直观明确，具有较强的教学示范性，方便服装专业师生学习、参考。

图书在版编目（CIP）数据

一体化服装款式结构设计／梁军，袁大鹏，孔祥梅著. 一北京：中国纺织出版社，2014.6

服装高等教育"十二五"部委级规划教材

ISBN 978-7-5180-0373-0

Ⅰ.①一… Ⅱ.①梁…②袁…③孔… Ⅲ.①服装款式—款式设计—结构设计 Ⅳ.①TS941.2

中国版本图书馆CIP数据核字（2014）第031198号

策划编辑：杨 勇 金 昊 责任编辑：孙成成
责任校对：余静雯 责任设计：何 建 责任印制：储志伟

中国纺织出版社出版发行
地址：北京市朝阳区百子湾东里A407号楼 邮政编码：100124
销售电话：010—87155894 传真：010—87155801
http://www.c-textilep.com
E-mail: faxing@c-textilep.com
官方微博http://weibo.com/2119887771
北京新华印刷有限公司印刷 各地新华书店经销
2014年6月第1版第1次印刷
开本：787×1092 1/16 印张：11.75
字数：168千字 定价：45.00元

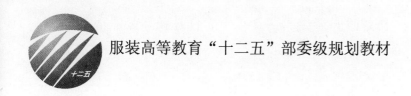

服装高等教育"十二五"部委级规划教材

一体化服装款式结构设计

梁军　袁大鹏　孔祥梅　著

中国纺织出版社

出版者的话

　　全面推进素质教育，着力培养基础扎实、知识面宽、能力强、素质高的人才，已成为当今教育的主题。教材建设作为教学的重要组成部分，如何适应新形势下我国教学改革要求，与时俱进，编写出高质量的教材，在人才培养中发挥作用，成为院校和出版人共同努力的目标。2011年4月，教育部颁发了教高[2011]5号文件《教育部关于"十二五"普通高等教育本科教材建设的若干意见》（以下简称《意见》），明确指出"十二五"普通高等教育本科教材建设，要以服务人才培养为目标，以提高教材质量为核心，以创新教材建设的体制机制为突破口，以实施教材精品战略、加强教材分类指导、完善教材评价选用制度为着力点，坚持育人为本，充分发挥教材在提高人才培养质量中的基础性作用。《意见》同时指明了"十二五"普通高等教育本科教材建设的四项基本原则，即要以国家、省（区、市）、高等学校三级教材建设为基础，全面推进，提升教材整体质量，同时重点建设主干基础课程教材、专业核心课程教材，加强实验实践类教材建设，推进数字化教材建设；要实行教材编写主编负责制，出版发行单位出版社负责制，主编和其他编者所在单位及出版社上级主管部门承担监督检查责任，确保教材质量；要鼓励编写及时反映人才培养模式和教学改革最新趋势的教材，注重教材内容在传授知识的同时，传授获取知识和创造知识的方法；要根据各类普通高等学校需要，注重满足多样化人才培养需求，教材特色鲜明、品种丰富。避免相同品种且特色不突出的教材重复建设。

　　随着《意见》出台，教育部及中国纺织工业联合会陆续确定了几批次国家、部委级教材目录，我社在纺织工程、轻化工程、服装设计与工程等项目中均有多种图书入选。为在"十二五"期间切实做好教材出版工作，我社主动进行了教材创新型模式的深入策划，力求使教材出版与教学改革和课程建设发展相适应，充分体现教材的适用性、科学性、系统性和新颖性，使教材内容具有以下几个特点：

　　（1）坚持一个目标——服务人才培养。"十二五"普通高等教育本科教材建设，要坚持育人为本，充分发挥教材在提高人才培养质量中的基础性作用，充分体现我国改革开放30多年来经济、政治、文化、社会、科技等方面取得的成就，适应不同类型高等学校需要和不同教学对象需要，编写推介一大批符合教育规律和人才成长规律的具有科学性、先进性、适用性的优秀教材，进一步完善具有中国特色的普通高等教育本科教材体系。

（2）围绕一个核心——提高教材质量。根据教育规律和课程设置特点，从提高学生分析问题、解决问题的能力入手，教材附有课程设置指导，并于章首介绍本章知识点、重点、难点及专业技能，增加相关学科的最新研究理论、研究热点或历史背景，章后附形式多样的习题等，提高教材的可读性，增加学生学习兴趣和自学能力，提升学生科技素养和人文素养。

（3）突出一个环节——内容实践环节。教材出版突出应用性学科的特点，注重理论与生产实践的结合，有针对性地设置教材内容，增加实践、实验内容。

（4）实现一个立体——多元化教材建设。鼓励编写、出版适应不同类型高等学校教学需要的不同风格和特色教材；积极推进高等学校与行业合作编写实践教材；鼓励编写、出版不同载体和不同形式的教材，包括纸质教材和数字化教材，授课型教材和辅助型教材；鼓励开发中外文双语教材、汉语与少数民族语言双语教材；探索与国外或境外合作编写或改编优秀教材。

教材出版是教育发展中的重要组成部分，为出版高质量的教材，出版社严格甄选作者，组织专家评审，并对出版全过程进行过程跟踪，及时了解教材编写进度、编写质量，力求做到作者权威，编辑专业，审读严格，精品出版。我们愿与院校一起，共同探讨、完善教材出版，不断推出精品教材，以适应我国高等教育的发展要求。

中国纺织出版社

教材出版中心

前言

  服装设计一体化教学课程训练是工作室教学的主体教学内容。工作室教学是我国近年来为适应社会发展需要，以产、学、研为一体来培养学生的一种新兴教学模式。它是在工作室导师的指导下，学生通过正课与课余相结合，对设计课题或设计项目进行从艺术形式到工艺技术制作的一体化设计的实践学习。这一教学模式对于服装设计类应用性较强的专业而言，其教学优势极为显著。

  工作室教学以师生日常生活状态的接触为特征，教学环境同时也是生产制作、学术研究的场所。学生通过亲自参与教师设计实践的全过程或在教师指导下完成设计与实践过程，了解到专业知识的整体贯穿与应用，从而提高分析问题、解决问题的能力。这样对于"学"的一方，既有利于缩短从书本知识到设计实践的距离，又有利于弥补传统教学中单向授受关系的不足，使静态的授受教学向动态的参与教学转化，使学生在边学边做中掌握专业知识。对于"教"的一方，工作室教学在一定程度上能够体现出以能力论成败，有助于将教师的利益、责任及荣誉感结为一体，同时能够给教师较大的自我完善和自我提升的空间，使其充分发挥创造性才能。更重要的是，可以形成导师即学科带头人为核心的教学与科研群体，培养青年教师快速成长，并且能够促使知识不断更新。

  早在20世纪20年代，被誉为"现代设计教育先驱"的德国包豪斯教学体系，就明确强调了艺术和技术的再统一。采用艺术家与富有实践经验且技能、技巧高超的工匠合作的工作室教学，使其在学生身上产生"化合效应"，培养出了一批杰出的设计师和设计教育家。包豪斯所倡导的"设计为人服务""为人创造更舒适、更便利、更理想的生活"设计理念，对当今的设计教育仍有着深远的指导意义。现今，世界各国的艺术设计教育都以工作室教学为主体，培养学生"从实际出发，创造新生活"的实际能力。

  工作室教学能真正体现专家治学，因为他们是教学科研的主体，担当着引领学科方向的重任。教学的责任直接落在导师身上，他们的科研、教学水平将反映在工作室的影响力和学生对工作室的选择上，并影响到导师的地位。但同时，它也是一个发挥教师主动性及施展个人才华的平台，教师将更注重自己实践经验的积累，能更广泛关注和研究本领域的新知识、新动态，形成以项目实践带动教学、科研，使教学体系更完善、更贴近社会与市场的需要。而且这种教学实践在其人才培养层面上的拓展，还能使本科教学与研究生教学建立起紧密联系，能较好地延伸到硕士研究生的培养阶段，为搞好研究生教学起到保障作用。

工作室教学模式下的服装设计一体化教学课程训练，最重要的是以社会生产、定向设计的课题项目来积累经验，以具有实战性的教学内容，引导学生理解和掌握所学知识与技能。服装款式造型设计、服装结构设计、服装工艺制作等内容本是服装设计的一个整体，但在传统教学中往往是三部分各自独立讲授，使专业知识体系脱节，而服装设计一体化教学课程训练则是将其各个方面有效地贯穿衔接起来，以设计实践项目或课题为载体，培养学生具有服装款式造型设计、服装结构设计及服装工艺设计与制作的综合应用能力。

本书针对工作室的一体化教学课程训练理论与实践进行研究，是2010年吉林省教学改革研究重点课题项目，相关研究内容在省教改立项之前就已进行了多年的教学实践，本书的撰写正是基于这些年专业教学改革实践中对课程体系、教学内容、教学方法的总结和提炼。在项目研究过程中，课题组成员梁军、袁大鹏、孔祥梅、薛义等在工作室服装设计一体化教学内容创新训练中积累了许多实践范例，并对这些范例进行了整理完善，正是由于有了这些丰富翔实、具有创新性的实践范例，才构成了本书撰写的独特视角和别具一格的范例示图。

希望本书对服装设计一体化教学课程训练在理论与实践方面的探索，能够给服装设计专业师生在教与学的过程中一种新的启迪和借鉴。

作者
2014年1月

教学内容及课时安排

章/课时	课程性质/课时	节	课程内容
第一章 （20课时）	基础理论 （40课时）		·服装设计与服装结构
		一	服装设计基本结构认知
		二	服装原型结构的延伸设计
第二章 （20课时）			·服装设计原型结构应用与立体试型
		一	原型结构应用纸样、坯布试型
		二	原型结构应用改造与试型
第三章 （20课时）	应用理论与训练 （80课时）		·服装设计结构原创模拟
		一	服装造型结构设计与原创模拟实践
		二	结构原创模拟与样衣制作实践
			"看图制板"原创模拟实训28例
第四章 （30课时）			·创新设计综合实践
		一	创新设计的时尚性分析
		二	课题方案设计
第五章 （30课时）			·目标设计作品实践
		一	赛事设计作品实践
		二	其他设计作品实践

注　各院校可根据自身的教学特点和教学计划对课程时数进行调整。

目录

第一章　服装设计与服装结构

20世纪80年代末，日本著名服装设计师君岛一郎先生在东华大学（原中国纺织大学）讲学时，曾作过这样一个演示：他请身着基础型连衣裙的模特小姐站到台上，拿起剪刀从连衣裙底边处分几个不同位置向上剪到臀位，然后让人同时把剪开的裙摆拉起展示给众人。君岛先生告诉大家，若把展开后的基础裙型用面料再重新缝制，就产生了一种新的裙型款式。依此原理，基础裙型可以变化出许多种裙装样式。君岛先生用此实例说明，对服装款式造型的设计，也就是对其结构的设计。

以往人们通常将服装结构设计称为"服装裁剪"，从事此类工作的人被称为"裁剪师"或是"板师"；将表现服装款式外轮廓型形式美称为服装设计，从事此项工作的人自然也就被称为"设计师"。其实，这样的称呼很不妥当，因为不论是设计内结构的板师，还是设计款式外形的设计师，都同样是通过对服装形态的塑造来创造服装特定的功能，只不过对内在结构的塑造要通过技术性手段来满足人的生理需求功能，对款式外形的塑造则是创造人与服装匹配的审美功能。服装结构在服装设计中是通过服装的款式外形来体现的，而服装款式外形则是借助服装结构来呈现设计的审美价值和功能价值。因此，从这两个方面进行服装造型研究的人都应该称为"服装设计师"。

一、服装设计基本结构认知

所谓"结构"是指组成某一特定事物各要素之间的组合、连接形式与连接方法。

服装设计基本结构，指包裹人体各部位最基本衣形裁片的连接组合关系，它是通过数理性制图或直观的立体造型实验所获得的，经工艺缝制形成基础衣型，而这种基本结构衣型的进一步变化应用，则能够体现出各类服装不同的设计意图。

服装设计基本结构的认知，是奠定初学者逐步理解服装设计本质含义、掌握服装结构设计原理的重要基础。服装基本结构也叫作"原型"，在服装企业生产、设计、打板中被广泛运用。由于原型以人体净胸围尺寸为依据，能够自如缩放松量进行设计展开与变化应用，完全不同于国内传统的以服装成品胸围为基数的比例分配裁剪方式，可以说它是训练初学者逐步进行服装创造性设计的最佳方法。从某种意义上讲，其实我们每个人都可以当一回服装款式造型设计师，因为服装款式造型设计是集人文、艺术、审美情趣于一体，可凭借灵感和想象进行创作。但没有人能很快成为精通服装结构的设计师，因为服装结构设计具有一定的科学技术性，只有经过严格训练和实践的积累升华，使科学技术知识与经验完美结合，才能使自己具备相应的服装结构设计能力，进而，也才有可能成为一名较优秀的服装结构设计师。

对服装设计基本结构原型的认知，关键是对原型产生的形体依据、原型基本制图以及原型纸样人台试型全过程的解析。如女装原型上下装的原型基本结构、原型省位的转移变化、省与褶量的展开、省与分割线结合所产生的不同款式结构设计意向等，均需要用大量的纸样或坯布人台试型练习来掌握服装结构的基本原理。这样的训练，会使初学者明确服装基本结构与人体之间的关系，并能够直观感受到原型按人台进行结构变化所体现出的衣型效果，从而初步建立对服装造型设计与服装结构设计互为关联的认知性。

（一）服装原型基本结构

据说20世纪第一次世界大战前后，在大批量生产士兵服装的基础上，研究诞生了原型结构设计方法，简称"原型法"。后经过英、美、法、日等国家近一个世纪的应用实践证明，原型法具有科学的先进性和时代的适应性特点，因此得到了广泛的普及和运用。

原型是由人体或人体模型按各部位的数据产生的基本衣型结构。我们在教学与生产实践中能接触到的原型形式大致有日式原型、欧美原型、中式原型。中式原型是国内一些专业人士，在20世纪后期借鉴日式原型基础上研究产生的。由于中式原型研究出自于民间，原型板样较杂，还没有形成标准共识性的应用。欧美原型因与亚洲人体型差距较大，普及性应用较少。而日式原型因其结构特征与中国人的体型结构相近，20世纪80年代中期国内院校教学陆续引入日式原型，教育普及时间较长，因此日式原型在中国大陆应用较为普遍，特别是日本文化式原型的应用。日本文化式原型有传统原型与改良后的新文化式原型之分，由于传统文化式原型制板简单，变化原理明了，与新文化式原型有互为转换变化的共通性，因而本书教学实训仍以传统文化式原型变化应用进行实例分析。

1. 原型的产生与制图

原型的产生是以人体为根本，通过大量测量人体所取得的数据建立数据库，原型就是以这些实际测量的数据为参数，按一定公式计算、推理，将人体表面凹凸不平的立体形状展开形成基础结构的平面纸样。因此，它既具有三维立体的空间意识，又符合人体生理需求及活动的机能性。原型的设计均以净胸围尺寸作为各部位分配量的参数，日式原型制图经过研发地有关方面"数据库"中的数据检验，证明原型基础结构是科学合理的。图1-1（a）~（c）分别是日本文化式女装原型和男装原型制图。

原型结构的本质是为人体设计服装，同一个原型能适应不同类别服装设计的需要，而不受任何廓型服装的约束和干扰。在每款服装的结构设计中，原型所代表的是人体，能够保证服装结构最基本的合体性，这在过去的单件量体裁剪方式中是无法达到的。而原型所具有的广泛适用性及体型覆盖率，是其以人体为依据的设计原则和理论基础。以人体为依据的设计原则，使过去服装裁剪中的一些靠经验估计、靠公式推算也难以得到准确数据的问题迎刃而解。如基础袖山形状和尺寸与原型衣身袖窿相匹配，领子下口线的长度与原型衣身领围数据相吻合，它们的形状具有"正负""阴阳"的密切关系，设计时双方的数据

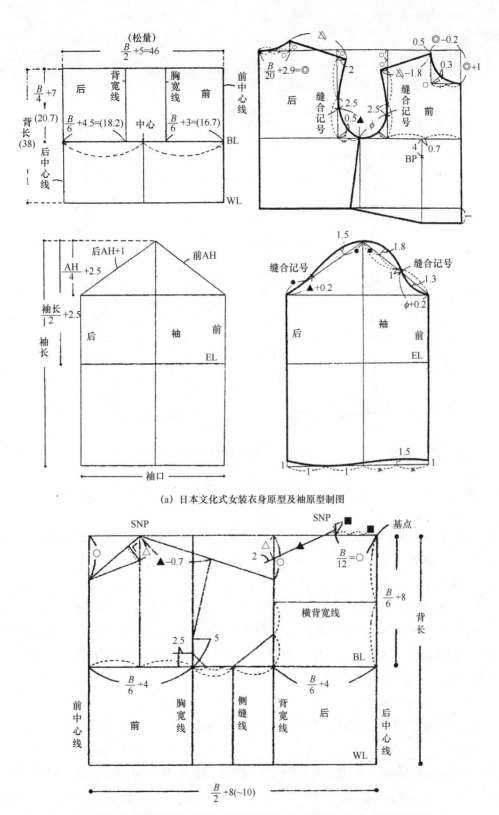

(a) 日本文化式女装衣身原型及袖原型制图

(b) 日本文化式男装衣身原型制图（图中"○"表示1/12胸围，"△"表示1/24胸围）

图1-1

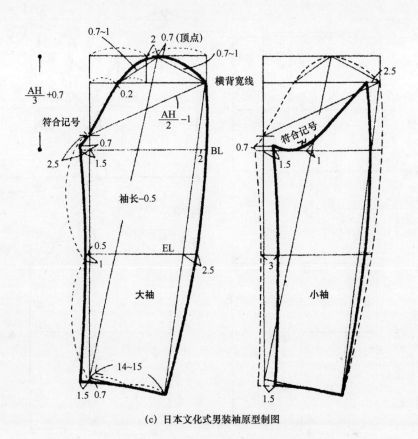

(c) 日本文化式男装袖原型制图

图1-1 日本文化式男、女装原型制图

相互参照，甚至可以直接在袖窿线和领围线上设计袖子和领型，这使原型结构设计方法极为直观易懂、简便明了，达到了"知其然并知其所以然"的科学境界。

2. 原型与省

"省"顾名思义，即是将衣片的多余部分省略掉，以满足人体表面的起伏变化。进一步讲，省是为了适应人体和造型的需要，利用工艺手段省略面料多余部分，以做出衣片的曲面形态的缝线，它主要是由人体表面凹凸部位的差值所形成，如胸腰部位、肩胸部位以及后背肩胛骨突起所引起的差值等。

人体的体表是非常复杂的曲面，从女性上身的体表结构可以看出，身体正面以胸高点为凸起点，这样的起伏会使覆于人体模型上的衣片在腰部、肩部以及腋下等多处产生多余的量，从而形成省道，我们可以将这样的人体曲面看作为一个以胸高点为顶点的类圆锥体。根据几何知识可知，圆锥体的表面有无数条素线，在将其表面展开时，无论从哪一条素线剪开都不会影响圆锥面的空间形态，而所得到的展开图均为扇形，并且这些扇形全等，扇形的圆心角相等。这样我们可以将每个以胸高点为顶点的射线看作是空间衣片圆锥面上的素线，而将衣片的轮廓线看作是空间衣片圆锥面上的曲线，且顶点不变。那么，无论以哪一条射线为省道而剪开衣片圆锥面，衣片轮廓线的空间形态都不变。因此，省道就可以有图1-2（a）中所示的多个省道位置。也就是说，结构图上即是以胸高点为旋转中心，可以将省道变位到任意位置，而省道适应曲面、减少余量的作用不变。图1-2（b）（c）是原型衣、裙的省量分配和结构制图。

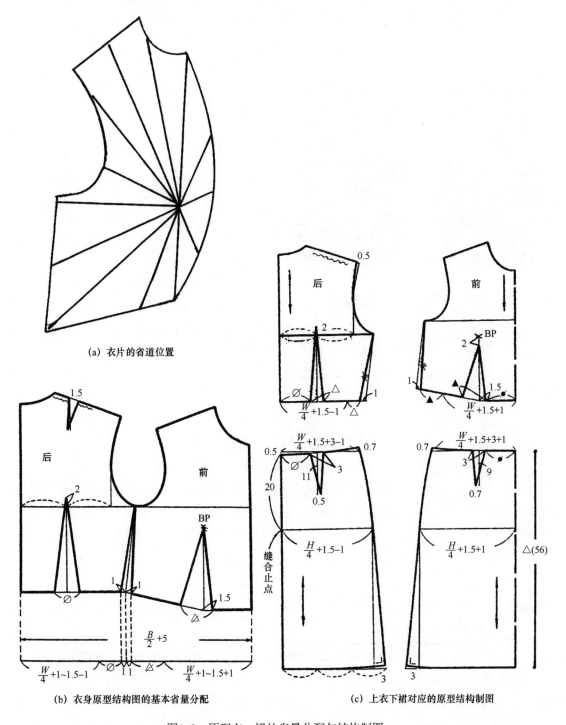

(a) 衣片的省道位置

(b) 衣身原型结构图的基本省量分配

(c) 上衣下裙对应的原型结构制图

图1-2 原型衣、裙的省量分配与结构制图

　　由于现代科技的发展，使代表不同种族、不同地域人体普遍性特征的服装人体模型（立裁人台）的出现成为可能。因此，在没有特定的服装种类要求下，从具有人体典型意义的立裁人台上获取原型，直接进行服装设计应用，也是服装结构设计较为普遍采用的一种手段。图1-3（a）（b）所示为在服装标准人台上通过立体裁剪获得的原型，这样的原型省去了平面绘制原型图的烦琐，使原型的设计应用变得更加便捷。

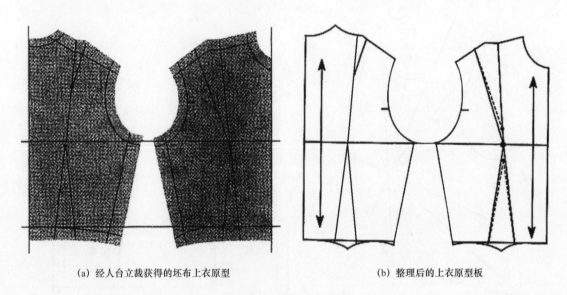

（a）经人台立裁获得的坯布上衣原型　　　　　　（b）整理后的上衣原型板

图1-3　立裁的上衣原型

（二）原型省的转移变化

　　原型省的转移变化是针对所要表现的服装款式造型，以原型进行收省、加放、切展等变化来完成结构设计。对于表现各种不同个性特征的款式设计，需要运用逻辑思维方式对其省量进行定量分析，并借助数学原理的科学性，按比例合理布局分配省量或将省道转移隐藏，抑或是将省道变化移位为其他表现形式，以原型省转移与原型加放的应用适应万变的服装造型。然而，人体表面具有凹凸不平的复杂性，人体的运动随时都会使体表一些部位产生微妙的变化，而原型省的转移变化仅作量的转换还无法得到完美的设计效果，还必须借助创造性的思维想象，依托艺术美的素养进行处理。例如，分割线的精练处理、省道转移的功能美化、造型尺寸与加放量感等，都要用带有设计艺术美的创造想象力去把握。

　　1. 原型省转移变化方法

　　省位转移的变化方法主要有切展法和旋转法。切展法是先描下原型，确定好省道所要转换的位置并在该处剪开。上衣原型以胸高点为旋转中心，将衣片中原省道的两条边旋转至重合，使剪开处的省道自然呈现，即完成省道转移（图1-4）。旋转法与之相似，只是无须剪开，在原型的基础上旋转定位，以完成省道的转移（图1-5）。切展法因其直观、方便、灵活的特点,在服装设计实践中运用较多,其可运用单向切展和双向切展来获得各种款式造型的结构设计。

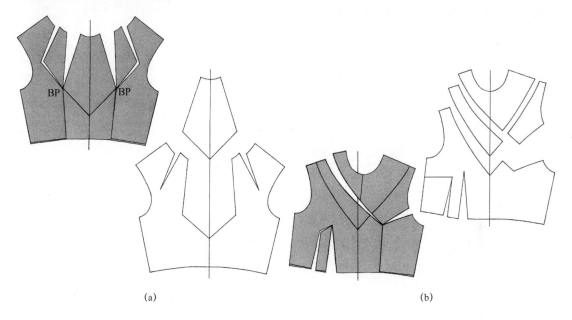

(a)   (b)

图1-4　衣身原型省位转移切展法的应用

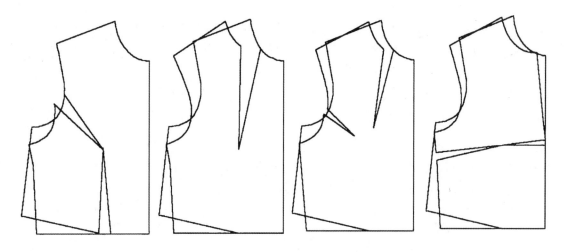

图1-5　衣身原型省位转移旋转法的应用

原型省的切展法、旋转法转移不用任何数学公式推算,只要在转移的量上配合纸样或坯布试型进行多次试验,直至达到理想的设计效果即可,这是原型结构设计直观、明了、形象最突出的特点。此外,还有量取法、直角法等省道转移的方法,其各自的手法均与前两者异曲同工,都是为了在做省的位置或形状上加以改变,以满足服装款式造型的需要。

裙原型省的转移变化方法与衣身省位转移的变化方法相同,只是省的转移是以臀、胯部位的突起为基点做省的位置或形状上的变化,以满足裙装款式造型的需要。图1-6所示为裙原型双省闭合和裙原型单省闭合裙摆切展的省位转移变化。裙原型省再结合裙基本型纵向横向分割、褶裥的设计还可有更多的转移变化。目前，这类省的基本转移变化已在许多服装结构设计教材中有详尽的讲解，这里不再赘述。

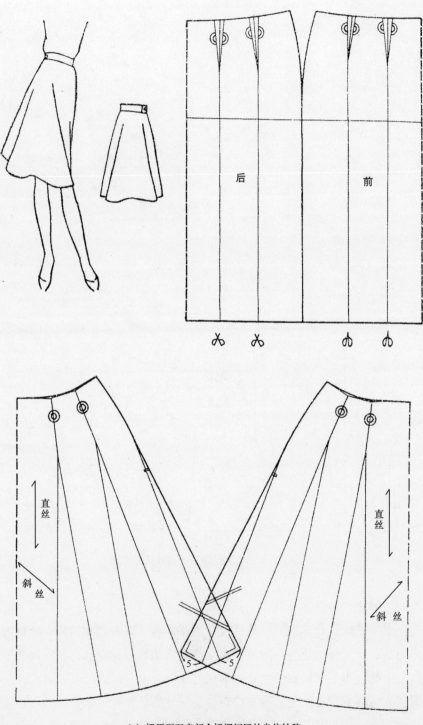

(a) 裙原型双省闭合裙摆切展的省位转移

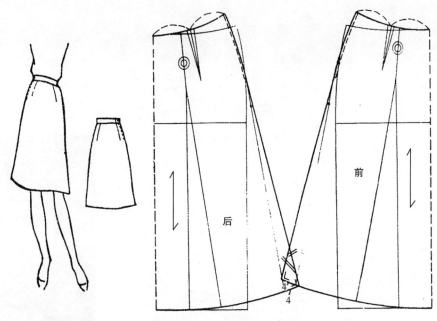

（b）裙原型单省闭合裙摆切展的省位转移

图1-6 裙原型省转移变化的方法

2. 原型省转移与褶、裥变化

原型省转移与褶、裥的变化是指省转移时，把省量分散成褶量的展开变化，以此来进一步丰富设计效果。抽褶及褶裥是服装设计中运用较多的设计语言，它能使服装显得更有内涵且生动活泼，尤其是在女装的设计中，褶与褶裥是主要运用的一种表现形式。褶既能把服装面料较长或较宽的部分缩短或减小，使衣片适合于人体，给人体以较大的宽松量，又能增加更多附加的装饰性造型，使平凡的面料质地呈现出特殊的肌理效果；而褶裥的闭合、打开不仅使服装具有功能性，还具有韵律节奏的层次美感，使人穿着舒适、飘逸潇洒，同时还能够体现出服装高品位、高档次、功能化、个性化的特点和艺术价值。

抽褶、褶裥使服装形态丰富，造型灵活多变，而且能在服装的各个部位应用。其结构是通过原型省的展开变化原理而实现的，图1-7、图1-8分别为衣身原型省转移与褶应用及纸样试型图例；图1-9、图1-10分别为裙原型省转移与褶应用及纸样试型图例。

3. 原型省的转移与分割变化

多年来，常用的女装省道设计形式之一是将原型省道与分割线合二为一。服装中的分割线主要有纵向分割、横向分割、斜向分割、直线分割及曲线分割等。在服装设计实际应用中，省道处理手法在女装造型中的运用是较为频繁的，所起的作用也是极其重要的。例如，切展线的形状即为成衣后所呈现的线条形状，展开量即为切展部位所包含的省量，因而，在省转移时，应根据成衣塑型部位来确定纸样的剪切位置，并根据成衣的线型确定切

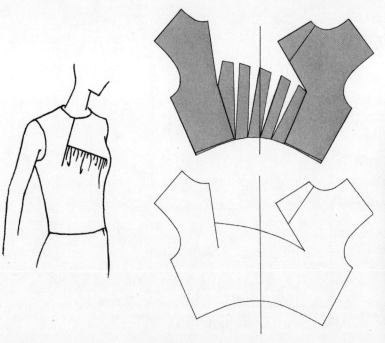

（a）展开图与结构图　　　　　　　　　　　（b）纸样试型

图1-7　衣身原型省转移与褶应用的款式变化1

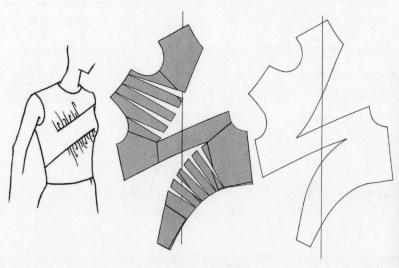

（a）展开图与结构图　　　　　　　　　　　（b）纸样试型

图1-8　衣身原型省转移与褶应用的款式变化2

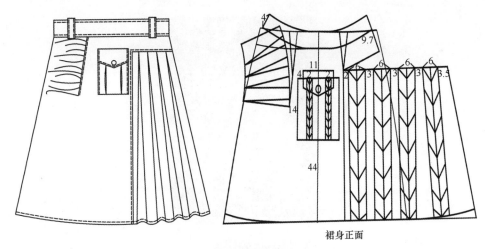

（a）展开图与结构图

（b）纸样试型

图1-9 裙原型省转移与褶及褶裥变化的款式

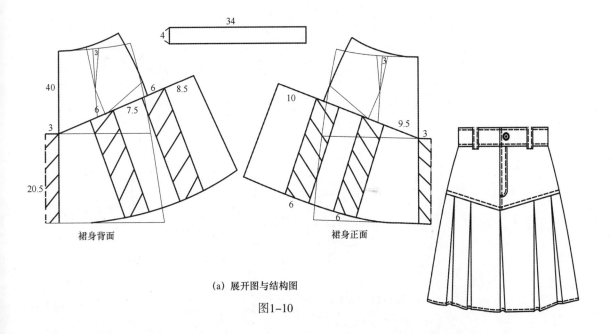

（a）展开图与结构图

图1-10

（b）纸样试型

图1-10 裙原型省转移与褶裥变化的款式

展线形状，而展开量则应根据服装的适体性要求来确定。图1-11所示的切展线（公主线）为曲线，胸省被全部分解使用，形成了贴体的衣型，柔顺的剪切线塑造出了女性优美的胸腰曲线。图1-12～图1-15分别为衣身原型、裙原型省转移与分割变化实例。

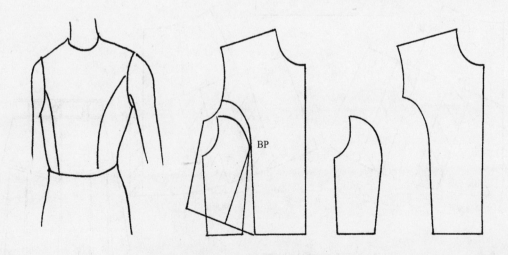

BP

图1-11 贴体上衣的曲线分割设计

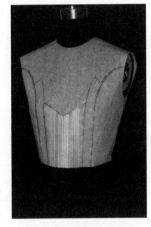

(1)

衣身正面

(2)

(a) 展开图与结构图

(b) 纸样试型

图1-12 衣身原型省转移与分割变化的款式1

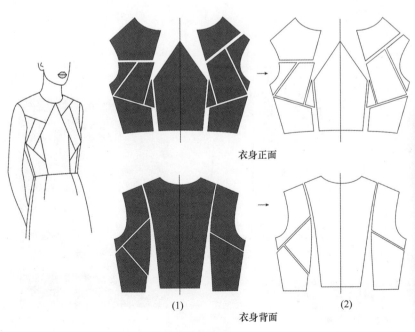

衣身正面

(1)

衣身背面

(2)

(a) 展开图与结构图

(b) 纸样试型

图1-13 衣身原型省转移与分割变化的款式2

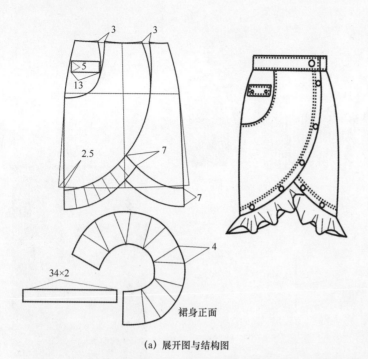

(a) 展开图与结构图

(b) 纸样试型

图1-14 裙原型省转移与分割变化的款式3

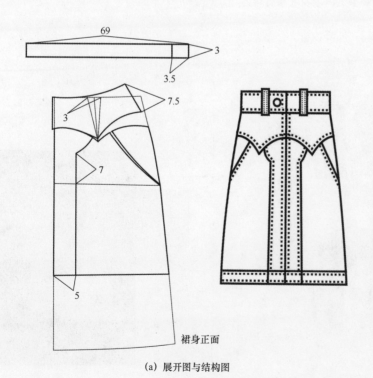

(a) 展开图与结构图

(b) 纸样试型

图1-15 裙原型省转移与分割变化的款式4
（梁军工作室王超、王海龙、杨超设计及制作试型）

二、服装原型结构的延伸设计

原型结构的延伸设计是在以上原理的基础上，以设计艺术美的创造性思维想象对原型基本结构应用的延伸扩展，以一种原理的可变性寻求其结构设计的丰富性和可行性，从而获得对服装设计款式造型表现形式的支撑，使结构设计成为设计师创作研发中一项不可或缺的造型要素。

遵循原型结构变化原理，进一步研究延伸款式造型与结构对应设计的变化关系，能够更深刻地理解服装设计的本质，为下一步研究成衣的款式造型与结构设计奠定了良好的基础。原型基本结构延伸设计方法包括以下两个方面。

（一）原型省与褶的延伸设计

省与褶的延伸设计是在原型省与褶变化原理的基础上，以此为切入点进行多种造型可能性的追踪设计变化。原型的展开变化，除体现省与褶的关系，省与褶互为融合、各种形式的相互转换外，还是对衣型结构的延伸设计，同时也表达了衣型款式的设计特征。

1. 衣身原型省与褶、分割的延伸设计

衣身原型省与褶、分割的延伸设计是服装设计创作的根本，也是设计师创造性思维的体现。在服装的款式造型设计中，很多款式所对应的结构表现形式都是通过省与褶、省与分割的延伸设计变化来完成的。例如，图1-16（a）所示的是对服装前胸的圆弧形分割，并进一步省变褶的延伸设计结构变化展开图和结构完成图，图1-16（b）所示为其纸样试型；图1-17（a）所示的结构变化展开图和结构完成图，是对前衣身公主线分割所做的胸肩部变化分割和侧衣摆处摆量展开的延伸设计，图1-17（b）所示为其纸样试型。

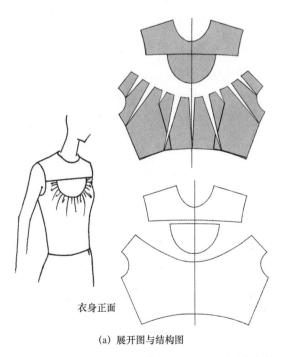

衣身正面

（a）展开图与结构图

（b）纸样试型

图1-16　上衣原型省与褶、分割的延伸设计1

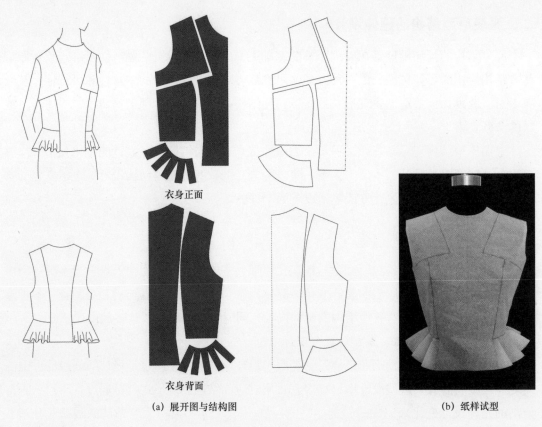

衣身正面

衣身背面

（a）展开图与结构图　　　　　　　　（b）纸样试型

图1-17　上衣原型省与褶、分割的延伸设计2

2. 裙原型省与褶、分割的延伸设计

裙原型省与褶、分割的延伸设计同衣身原型省与褶、分割的延伸设计一样，也是体现设计师创造性思维的重要方法。裙原型结构通过横向和纵向分割、褶裥的运用及款式构成形式美法则节奏、韵律的配合，能够轻松便捷地获得不同的款式造型关系，如图1-18、图1-19所示分别为裙原型横向、纵向分割切展进行的延伸设计变化。图1-18所示是以腰胯部基本型收省合体的横向分割、裙摆单向切展来表现裙子斜摆垂褶的款式特征与结构关系，图1-19所示则是以中臀部横向分割线以下裙身纵向依次展开量来表现裙子褶裥的款式特点与结构关系。

（二）原型结构的综合延伸设计

原型结构的综合延伸设计，是更为贴近实现服装原创设计作品的结构技术性运用。它是指在服装原型省位转移、省与分割、省与褶设计变化的基础上，进行的多种要素追踪式设计变化。设计可配合领口、领型、袖窿、袖型和衣型等各方面因素，以寻求设计造型的多种可行性。

1. 衣身原型结构的综合延伸设计

衣身原型结构的综合延伸设计是对衣身结构各方面多种因素的考虑，其结构的设计构

(a) 展开图与结构图　　　　　　　　　(b) 纸样试型

图1-18　裙原型省与褶、分割的延伸设计1

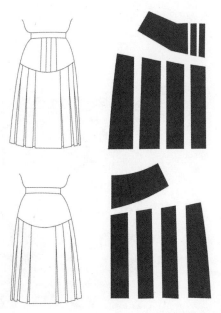
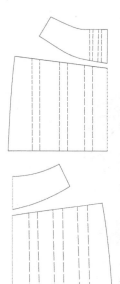

(a) 展开图与结构图　　　　　　　　　(b) 纸样试型

图1-19　裙原型省与褶、分割的延伸设计2

成关系已初具服装的丰富性和完整性。如图1-16所示为省与分割、褶的延伸设计，图1-20所示是在图1-16的基础上将前衣片又进一步延伸分割展开量，使衣型款式前身呈现垂褶效果的设计。而图1-21～图1-24所示为省与分割、省与褶的延伸设计又分别结合了领型（无领型、有领型）、袖型及衣摆的展开量起伏，使其更贴近成衣款式造型。

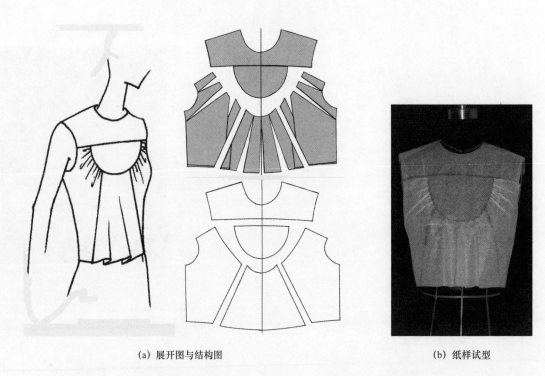

（a）展开图与结构图　　　　　　　　　　　（b）纸样试型

图1-20　在图1-16的基础上对衣身原型省与褶、分割的综合延伸设计变化

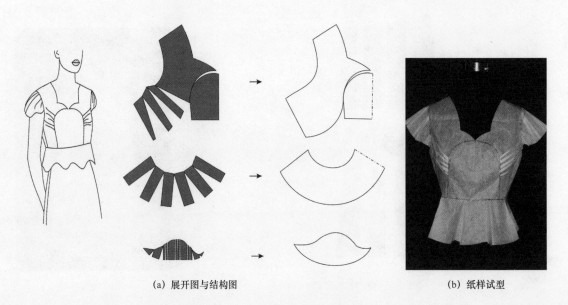

（a）展开图与结构图　　　　　　　　　　　（b）纸样试型

图1-21　衣身原型省与褶、分割的综合延伸结合袖型、领型的设计变化1

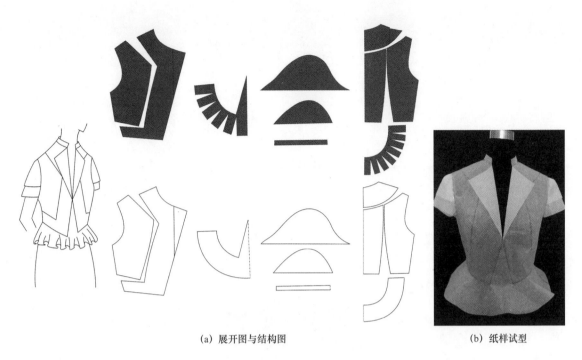

(a) 展开图与结构图　　　　　　　　　　(b) 纸样试型

图1-22　衣身原型省与褶、分割的综合延伸结合袖型、领型的设计变化2

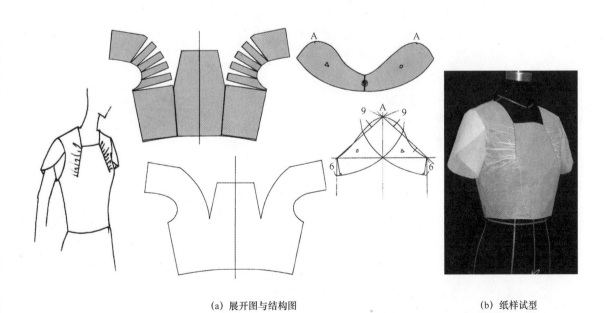

(a) 展开图与结构图　　　　　　　　　　(b) 纸样试型

图1-23　衣身原型省与褶、分割的综合延伸结合袖型、领型的设计变化3

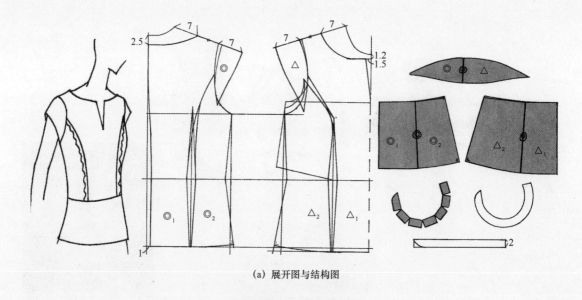

(a) 展开图与结构图

(b) 纸样试型

图1-24　衣身原型省与褶、分割的综合延伸结合袖型、领型、饰边的设计变化

2. 裙原型结构的综合延伸设计

裙原型结构的综合延伸设计同样是对裙结构多种因素的考虑，以裙原型省的转移、省与分割、省与褶设计变化的综合运用的造型关系来体现裙装整体设计变化的丰富性和接近成衣的完整性。图1-25、图1-26所示分别为两款裙装的结构图和纸样试型，图1-25所示的裙装款式设计的对应结构是通过省与纵向分割相结合，在分割线处做进一步延伸饰边展开量的夹缝处理，使此款设计获得具有动感的裙身层叠垂坠效果。图1-26所示的裙装款式设计的对应结构也是由省与纵向分割相结合，进一步延伸腰臀处的横向分割及裙侧片横向分割线部位的裙身展开量捏褶来丰富设计效果。

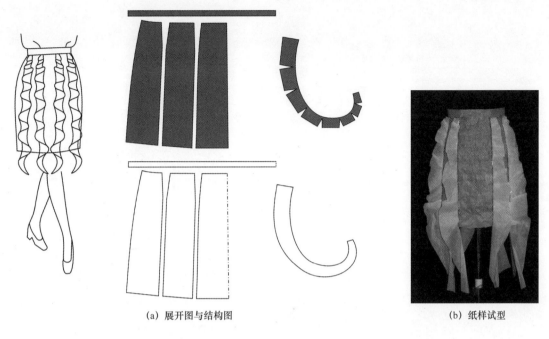

　　　(a) 展开图与结构图　　　　　　　　　　(b) 纸样试型

图1-25　裙原型省与褶、分割的综合延伸结合饰边的设计变化

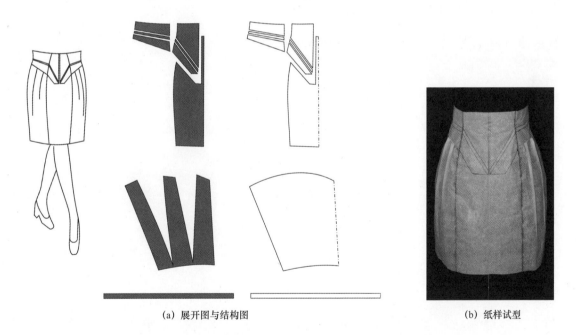

　　　(a) 展开图与结构图　　　　　　　　　　(b) 纸样试型

图1-26　裙原型省与褶、分割的综合延伸结合裙身展开量捏褶的设计变化
（梁军工作室王超、包阔、闫超超设计及制图试型）

第二章　服装设计原型结构应用与立体试型

服装结构立体试型是对服装结构设计制图科学性与审美性表达的检验，也是结构关系修改、调整的重要依据。此环节决定着服装款式造型与服用功能性整体设计的成败。服装设计运用原型进行结构设计，虽然结构的展开变化原理具有科学的便捷性，但进行原型变化型量扩展时的尺度控制，对于初学者在结构制图中仍然会有很大难度，需要用纸样、坯布试型来感受和体验。而在企业生产研发中，即使是有经验的设计师，也不可能绝对有把握使新产品的结构设计一次成功，因为服装款式造型与结构所呈现的立体状态，往往不会一次达到设计师对新产品的预想，所以，为使服装结构型量变化与款式造型设计统一，达到最佳的设计效果，也需要用纸样或坯布立体试型来进行验证和调整。

一、原型结构应用纸样、坯布试型

纸样、坯布试型，是将平面画出的服装结构设计关系用纸或坯布进行复制，并按相应的位置组合起来，使之成为立体的纸样衣型或布样衣型，然后穿在人体模型上进行观察和修正。这也是原型平面结构设计过程的重要一步。

从视觉心理学家的角度来看，人视觉的移动方向一般是从左到右、自上而下，视觉的水平移动比垂直移动要快，水平方向尺寸判断的准确率高于垂直方向尺寸的判断。由于平面结构设计是放在台案上进行的，平面台案上垂直线的长度、曲线的弧度等会因透视关系在视觉上产生误差而形成判断上的错误，这种错误只有在立体人台上才会显现出来。因此，当第一次结构设计的纸样或布样产生后，一定要将其"穿"在人台上试型，进行立体的观察修正。此外，服装款式设计中，各个部位的加放、下落、抬高、收缩、切展的具体数值，均须由平面到立体进行反复推敲、摸索、估算，初学者想一次就达到十分准确的理想效果几乎是不可能的。如果结构设计不准确就急于制作样衣，必定会出现因不满意而拆开改制重做的反复过程，造成时间及财力的浪费。因而，采用纸样或坯布试型的方法进行立体观察修正，不但会避免浪费，还能直观感受服装结构设计对款式造型外观审美形式的影响作用。

（一）常用服装款式结构临摹与试型

原型应用实例临摹与试型实践，是指导学生对服装类期刊登载的文化式原型进行各种制图实例应用，进行1:1的款式结构制图复制、临摹练习，教导学生理解原型应用结构制图，并能顺畅、合理地临摹好图例的每一条线以及结构中各部位的局部形态，通过拼合纸样人台试型，让学生感受平面制图到立体衣型的转换关系，建立起对服装各部位的立体型感概念和原型应用松量缩放，以及不同服装衣型与人体间空隙松量的心理尺度。

1. 常用款式结构分析与临摹制图

常用款式结构分析与临摹制图，是学生学习、应用原型进行结构制图的基本方法之一。基础原型在服装设计制板应用中往往涉及原型松量的加放、原型省转移变化、分割线及其他结构线的形态、局部细节位置布局和服装整体结构关系等一系列问题。学生通过对期刊中日常服装款式原型应用的分析与临摹制图，可以有效地获得原型应用结构制图的直观印象，由此能够形成对基础原型结构制图应用方法的初步认识。图2-1所示分别为期刊中日常服装款式原型制图应用的实例，由于图中裙装结构相对较简单，因此临摹制图是以衣身款式结构为重点。这四款原型制图应用实例，为20世纪80～90年代日本服装期刊里中年人秋冬季服装，虽然款型不够时尚，松量尺寸加放较大，但正是因其具有款式结构的普遍性和加放变量的代表性，才能够使学生较为深入有效地学习体会原型实际应用的方法和规律。

图2-1（a）所示的日常裙套装上衣款式结构是在原型基础上进行的加放应用变化，结构图中的衣型细线为原型线和相应的辅助线，衣型粗黑线为完成的服装款式结构线。结构临摹制图中所关注的款式结构特征及其数据设定关系为：衣身略长过臀部，有些收腰；衣身胸腰放松量较大，袖窿随之相应下落，前、后衣片两侧各有一胸腰省；后中有褶裥无背缝，两个后腰背省之间断腰接腰带；翻驳领，驳领口偏下，驳头较低，一粒扣；肩线抬高，肩平且肩宽加量，前胸宽、后背宽相应增加；衣袖为两片袖。

图2-1（b）所示的也是一款日常裙套装，服装廓型与上一款大致相同。结构临摹制图中要关注的款式结构特征及其数据设定关系为：衣身略长过臀部，有些收腰；衣身胸腰放松量较大，袖窿随之下落；前、后衣片各有一条公主线分割，但分割线向侧缝外移，腰省融入其中，后片有背缝；翻驳领，驳领口偏下，驳头止点较低，一粒扣；肩线抬高，肩平且加宽，前胸宽、后背宽相应增加；衣袖为两片袖。

图2-1（c）（d）所示的分别为日常款式原型制图应用实例，但它们各自体现出连腰衣片口袋位断切、衣身低腰横断分割、衣身展开的松量与袖山抛起捏褶量、连身立领等款式结构特征及其他一些变化部位的数据设定关系。

在对以上这些款式结构特征进行细致分析后，即可用绘图纸按照1:1的比例临摹绘制结构图。但临摹过程中仍然需要老师的指导，因为一些复杂的局部绘制数据、顺序等仍需要老师给予更透彻的分析讲解。进行期刊日常服装款式原型制图的应用临摹练习，其主要目的是使学生学会原型应用读图，了解原型各部位的变量关系，掌握原型初步应用的方法。

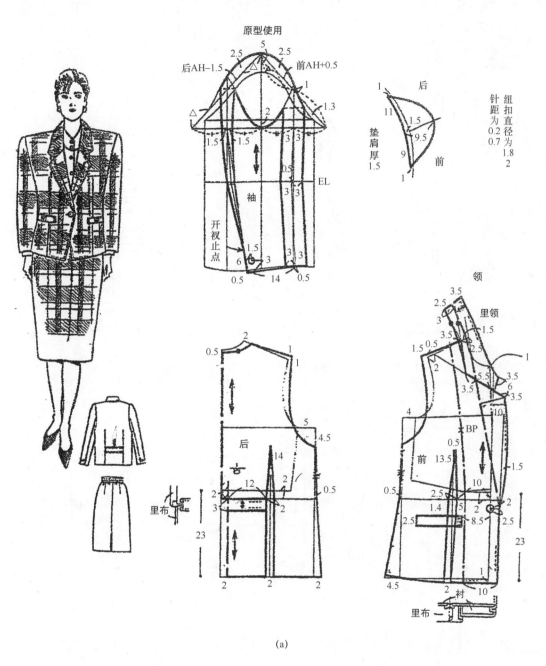

图2-1

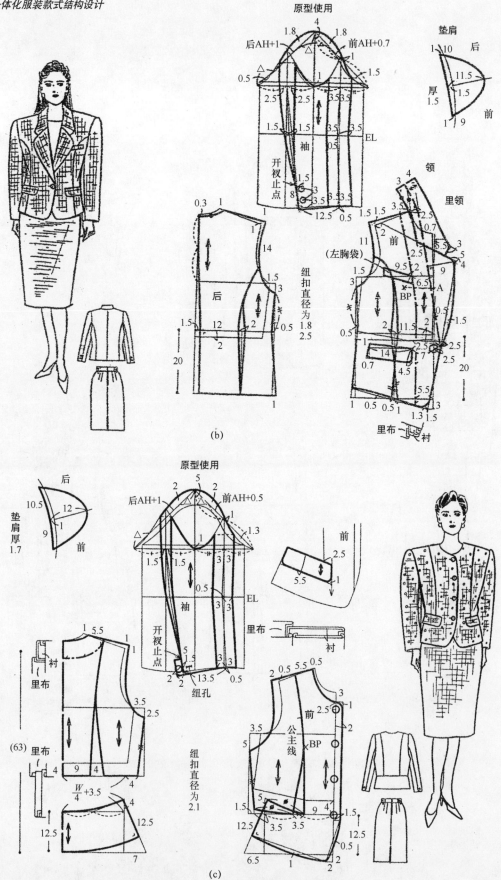

(b)

(c)

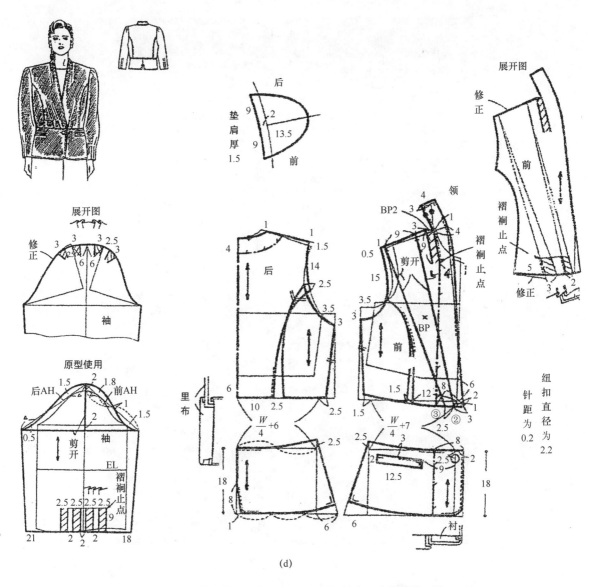

图2-1　日常服装款式原型制图应用实例（摘自日本服装期刊）

2. 常用款式结构立体试型

期刊日常服装款式原型应用临摹制图完成后，学生对服装原型结构制图应用方法的进一步认识，要通过结构立体试型来补充和强化。由于服装原型结构制图应用是在平面上的临摹，初学结构的学生对结构各部位的组合关系缺少平面与立体形态转换的想象，只有通过纸样或坯布立体试型的直观性感受，才能够对服装衣型结构有较为深刻的理解。图2-2所示分别是针对图2-1中的四款原型应用所进行的临摹制图纸样立体试型。从这些纸样试型图例中可以看出，纸样衣型普遍肥大，肩部夸张，肩型较平，有的衣型下摆还前松后紧，与标准人体形态相差甚远，可参见图2-2（a）（c），纸样试型所呈现的各自款式特征无疑会超出学生对服装与人体关系的通常想象。

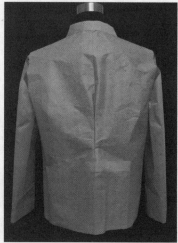

(a) 图2-1 (a) 的正、背面纸样试型

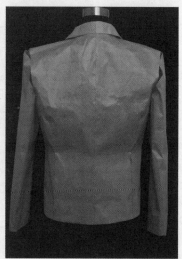

(b) 图2-1 (b) 的正、背面纸样试型

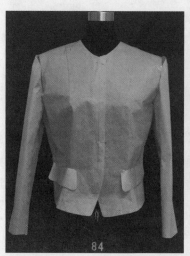
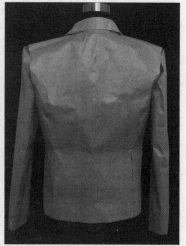

(c) 图2-1 (c) 的正、背面纸样试型

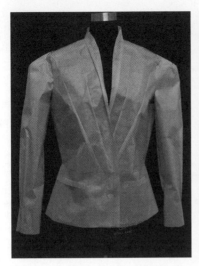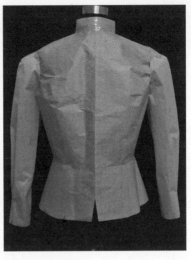

(d) 图2-1 (d) 的正、背面纸样试型

图2-2　临摹制图的纸样试型

（二）非常规款式结构临摹与试型

非常规款式结构临摹、试型与常规款式结构临摹、试型一样，都是指导学生对服装期刊登载的原型制图应用实例进行款式结构的复制临摹与试型实践。但不同的是，非常规款式结构临摹、试型是针对一些有特色、有个性的服装款式结构进行分析临摹，以此更深入地了解款式设计所对应的结构特征和变化原理，从而能够在这些突破常规性的服装结构变化中，获得对服装款式造型与结构设计更深层次的思考和启示。使学生认识到服装结构设计不仅是实现服装款式造型设计的技术手段，同时也是服装设计理念最直接的表达载体。也就是说，服装设计既可从绘制平面款式设计效果图入手，也可从服装内在结构的先行设计入手，而且结构先行的分解重构往往会给设计想法带来意想不到的构思启迪。

1. 非常规款式结构分析与临摹制图

非常规款式结构分析与临摹制图，是学习解读服装款式造型个性化设计及其结构关系的重要途径。进行这项训练，必须要有前一节对服装日常款式结构的基本了解，最好是在具有一定"看图制板"能力之后进行此项练习，这样学生才能够通过已掌握的知识，对常规服装款式结构与非常规服装款式结构进行较详尽、细致的分析比较，从而获得结构设计关系的更多启发。图2-3所示分别为书刊中的非常规服装款式原型制图局部的应用图例。进行非常规款式结构的临摹制图实训，老师要对制图中的一些复杂局部绘制数据、结构关系等做更透彻的解析与指导。

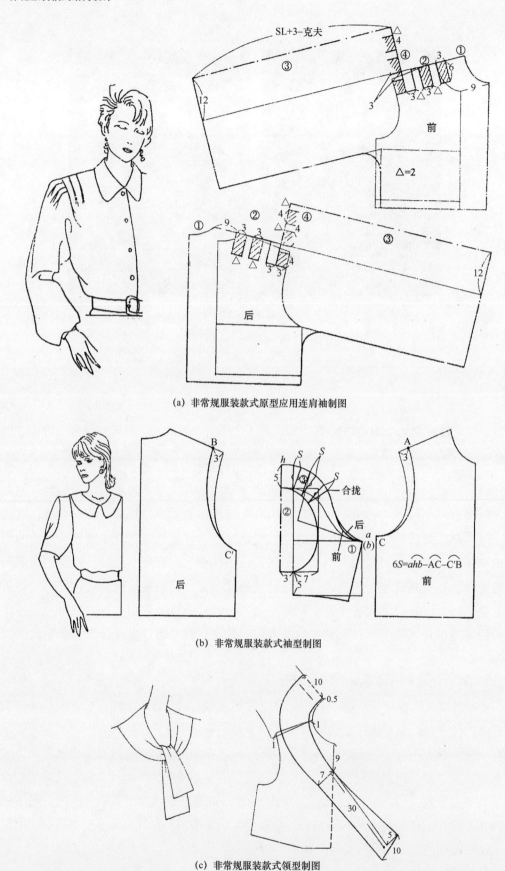

(a) 非常规服装款式原型应用连肩袖制图

(b) 非常规服装款式袖型制图

(c) 非常规服装款式领型制图

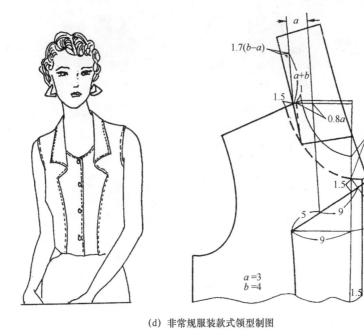

（d）非常规服装款式领型制图

图2-3　书刊中的非常规服装款式原型制图局部应用图例

2. 非常规款式结构立体试型

进行非常规款式结构立体试型的训练，其意义在于了解对非常规款式结构立体形态塑造的感受以及结构制图由平面到立体的转换关系。在平面结构制图中，非常规款式的结构变化往往是错综复杂，涉及原型的省位转移、省量展开、基础型扩展变化较多，而这些量、型的变化在平面板上很难预想其立体的组合状态，因而只有通过纸样或坯布立体试型，才能对这些非常规的服装款式造型有更直观的认识和理解。如图2-4所示分别是针对图2-3中的四款非常规服装款式原型应用所进行的临摹制图的纸样立体试型。

图2-4（a）中体现了肩袖不同方向褶裥的设计特点，使平面制图中较难想象的褶裥连缀、交错连肩袖的衣型状态得到明确展示。图2-4（b）中体现了一片式短袖的借肩，肩端与袖面圆形分割、捏褶的立体感状态。图2-4中的（c）（d）则通过纸样试型直观地展示了平翻围巾领、连身翻折领的领型结构变化的状态。

（a）连肩袖结构临摹纸样试型

（b）肩袖结构临摹纸样试型

图2-4

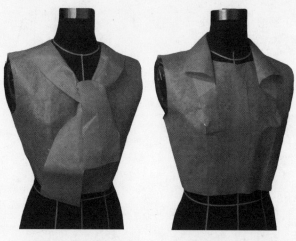

（c）领型结构临摹纸样试型　　　（d）领型结构临摹纸样试型

图2-4　非常规服装款式原型局部临摹纸样试型
（梁军工作室门丽丽等纸样试型）

二、原型结构应用改造与试型

原型应用临摹与试型是使学生读懂原型应用结构制图，了解平面制图到立体衣型的形态结构关系，而原型结构应用改造与试型则是对所临摹的原型应用制图进行标准号型的制图改造。因为所临摹的期刊中的原型应用制图，其号型多数情况下是根据不同年龄段、不同季节需求有针对性地设计，一些板型往往偏肥偏大，因此对临摹的款式制图按标准号型改造，能够进一步训练学生学习掌握原型应用结构制图的灵活性变化。这种训练是奠定学生进行独立"看图制板"的有效过渡。

（一）款式结构分析与改造制图

原型制图应用临摹使学生获得了对原型结构应用的初步认知，款式结构分析与改造制图，能够为学生深入学习服装结构设计做更好的铺垫。如果把原型制图应用临摹看作是"拐棍"，那么初学结构的学生就是借助临摹这根"拐棍"在走路，而款式结构分析与改造制图，则是使学生具有了自主设计思考的性质，就相当于虽有"拐棍"，但不完全依靠"拐棍"来走路。对原有的服装款式制图结构关系进行改造制图，能够使学生在模仿与自主思考之间，获得更多对服装结构知识的认知和启示。

1. 款式结构特征分析

在原型制图应用临摹阶段，由于学生的服装结构知识较为有限，临摹制图中往往是完全跟着原图走，较少去思考制图绘制关系和立体造型状态，只有在用纸样或坯布做了试型之后，才对临摹的制图结构有了一些理解。进行款式结构分析与改造制图，是要求学生不仅要对改造所依据的原图款式造型状态有所了解，更要对其结构关系、结构特征进行充分分析，弄清楚结构改造变化部位、原理及其逻辑关系，使其能够较严谨、准确地绘制出应用改造制图。我们还是以图2-1所示的服装款式原型制图应用原图为例，其款式结构特征分析已在前面提及，在此不再赘述。

2. **款式改造结构制图**

通过对图2-1所示的服装款式结构特征分析和前期所做的临摹制图可以看出，在进行款式结构改造时，要有目的地控制原型应用的结构关系。如对原图进行款式不变、按标准号型尺寸的改造，可通过肩宽、胸、腰、臀三围的缩减，省、分割位置及袖窿深浅的控制调整等，进行款式结构改造的原型制图。

图2-5是对图2-1（a）原型应用图按标准号型进行改造的原型应用结构制图。改造后的衣身的胸、腰放松量减小为原型松量，袖窿略有下落；肩线恢复为原型肩线并按标准号型设定，前胸宽、后背宽也随之相应减量；领口接近原型领口，驳领串口线位置提升；其他款式特征仍保持原图状态。由于胸围松量、袖窿深变小，两片袖袖肥也相应变小。

图2-6是对图2-1（b）原型应用图按标准号型进行改造的原型应用结构制图。改造后的衣身的胸、腰放松量同样减小为原型松量，袖窿略有下落，公主线分割接近胸高部位；

单位：cm

部位	衣长	肩宽	胸围	腰围	臀围	袖长	袖口
尺寸	58	40	94	81	98	58	12

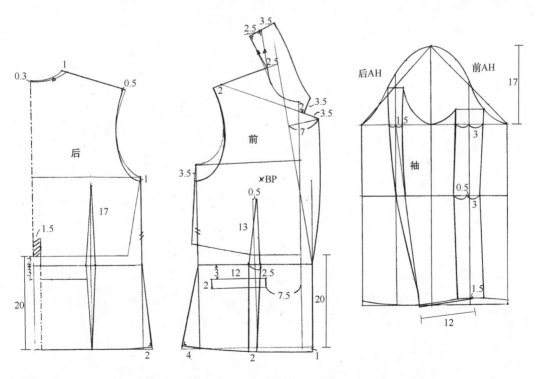

图2-5　对图2-1（a）原图按标准号型改造的原型应用结构制图

肩线恢复为原型肩线，肩宽按标准号型设定，前胸宽、后背宽也随之缩减；领口接近原型领口；两片袖袖肥由于袖窿的变化相应变小；其他款式特征仍保持原图状态。若对原图做进一步的时尚性调整改造，还可改变翻驳领串口的高低、驳头的长短等因素，或使公主线分割通过胸高点并含有胸省量。

图2-7、图2-8分别是对图2-1（c）（d）原型应用图按标准号型进行改造的原型应用结构制图。其改造仍然是强调按标准号型尺寸变化所对应的结构关系。

单位：cm

部位	衣长	胸围	腰围	臀围	肩宽	袖长	袖口
尺寸	60	89	79	95	43	58	12.5

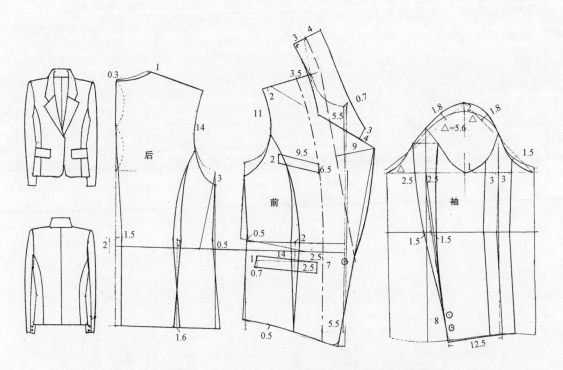

图2-6　对图2-1（b）原图按标准号型改造的原型应用结构制图

单位：cm

部位	衣长	胸围	腰围	臀围	肩宽	袖长	袖口
尺寸	53	94	74	100	41	58	12

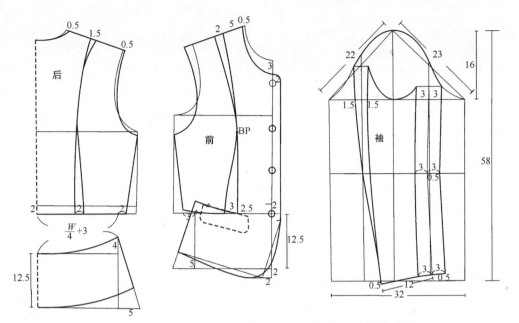

图2-7　对图2-1（c）原图按标准号型改造的原型应用结构制图

单位：cm

部位	衣长	胸围	腰围	臀围	肩宽	袖长	袖口
尺寸	59	94	76	100	40	58	12.5

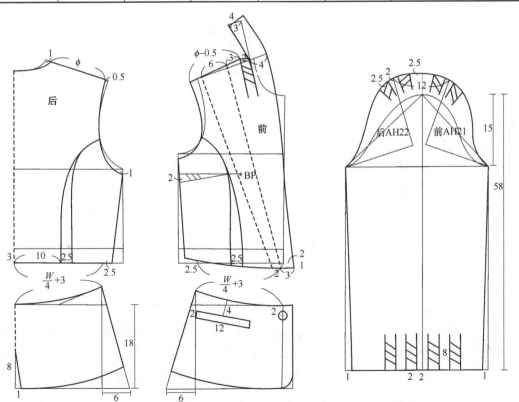

图2-8　对图2-1（d）原图按标准号型改造的原型应用结构制图

（梁军工作室门丽丽结构改造制图）

（二）款式改造结构关系立体试型

款式改造的结构关系，通过纸样或坯布立体试型能够得到非常直观、明确的服装造型效果。款式改造结构设计中的分割线形态、细节位置布局、衣身造型尺寸把握、衣型松量缩放运用等，都能够在立体试型中得到充分反映。特别是用纸样试型，纸不像布料那样有一定的柔顺性，可以掩盖一些细小的问题和毛病，纸具有较强张力，衣型结构中任何微小的不顺畅关系，都会因纸样产生的凹陷或凸起显现出来。因此纸样试型具有精细严谨的特性，有助于学生对服装结构制图中出现问题的分析理解，从而激发学生自主修改调整服装结构关系的主观能动性。

1. 结构关系分析

服装结构分析是进行服装款式改造的必要前提，虽然服装结构原图已明确标注了服装款式的结构关系，但服装结构原图所针对的不同穿用对象、服装功用性等方面的加放尺寸并不都一样，若将这些服装款式结构按标准号型改造制图，其外造型和内结构以及加放量等都要进行重新安排和设置，因此，对原图结构关系变更的分析，就成为服装款式结构改造制图重要的一环。

从以上的试型中我们知道，图2-2中（a）（b）分别是对图2-1中（a）（b）的款式结构原图所做的临摹纸样试型，由于原图的胸腰松量加放较大，在84cm胸围标准号型人台上试型，大多情况是衣型纸样肥大与人台不相符，有些还在一定部位有所强化。如图2-1中（b）所示的款式结构原图就是通过衣身纵向分割线交叠来增加前髋部的凸量，后片则将腰背省长度缩短，以满足穿着者背部厚实浑圆的体态。因此，用标准号型人台进行纸样试型，所呈现出的立体纸样衣型与人台不符的型量关系，即立体纸样的造型和松量情况，可以为服装款式按标准号型进行结构制图提供直观明了的调整改造依据。

2. 结构关系试型调整

服装款式改造结构设计的平面制图，需要通过纸样或坯布立体试型来检验其结构变更状态所达到的结构关系的合理性、严谨性和美观性。初学者在最初服装款式改造结构制图中，对型、量体现在平面上的尺寸把握往往不够严谨妥帖，会显露出很多问题。因此，纸样或坯布立体试型所呈现出的状态，为分析调整衣型的结构关系提供了直观的依据，进而达到完善服装款式改造结构设计的目的。其实，服装结构设计立体试型在企业设计产品研发过程中是很常见的，即便是企业中有经验的设计师、板师对新研发的款式造型，也需要通过坯布样衣的试型来改进产品设计。

款式结构改造的纸样试型修改调整，虽然有试型提供的可参照依据，但在款式结构改造制图过程中，也要经过反复数次的试型与修改调整，才能获得较为合理、严谨的结构设计图。因为，从款式结构原图到标准号型结构制图之间，衣型结构的变量会因缺乏经验而使有的型量余出或有的型量缺欠不足，这些对于初学者来说很难一两次就能准确把握，所以，必须经过几次纸样、坯布反复试型及制图修改，才能获得较为理想的改造制图效果。

如图2-9、图2-10所示的正、背面纸样试型图例，就是学生经过几次的立体试型与结构制图修改调整完成的，其款式结构的型量关系比照原图已有很大改变。

（a）图2-5款式结构改造　　（b）图2-5款式结构改造　　（c）图2-6款式结构改造　　（d）图2-6款式结构改造
　　正面纸样试型　　　　　　　背面纸样试型　　　　　　　正面纸样试型　　　　　　　背面纸样试型

图2-9　款式结构改造正、背面纸样试型

（a）图2-7款式结构改造　　（b）图2-7款式结构改造　　（c）图2-8款式结构改造　　（d）图2-8款式结构改造
　　正面纸样试型　　　　　　　背面纸样试型　　　　　　　正面纸样试型　　　　　　　背面纸样试型

图2-10　款式结构改造正、背面纸样试型
（梁军工作室门丽丽、包阔纸样试型制作）

第三章 服装设计结构原创模拟

　　服装设计通常分为款式造型设计、结构设计与工艺设计三段。虽然结构设计是作为承上启下的中间环节，但以往在人们的观念中常将服装款式造型设计视为服装设计的主体，服装设计教育也大多是把重点放在对学生款式造型设计能力的培养上，结构设计则被认为只是绘制裁剪图，是款式造型设计完成后裁剪服装时才能进行的工作，而工艺设计则是裁剪完成后才进行的。由此可以看出，服装设计三段式的教学弊端是将服装设计的三个主要环节孤立起来，把服装的外观表现形式设计与内在功能本质性设计割裂开来。

　　设计是服装的灵魂，服装设计中无论是构思阶段还是完成阶段，结构设计、工艺设计应与服装造型设计的色彩、款式、材料并存，一同进入综合设计阶段。例如一套时装设计，其外观廓型的塑造，是常规衣型结构还是具有翻转层叠的非常规造型结构，造型表现是用硬衬还是软衬，服饰图案表现及其工艺手段运用等，都会使服装的整体造型效果截然不同，因而这些方面必须从设计开始就纳入到总体形象的规划之中。虽然服装表现出的是对服装衣片的分割、附件及配饰的设置，但却是造型、色彩、结构、材料与工艺综合设计的结果。其中，服装结构设计在整个服装设计体系中起着衔接设计到制作全过程的重要作用。服装的结构设计是从服装的局部关系控制着手，体现着服装最本质的核心内涵，是服装整体设计的基础依据。正如一位意大利著名的时装评论家所说："如果一件衣服被买走，可能是款式设计的功劳，但是这件衣服经常被人从衣柜里挑出来穿，那一定是结构设计的功劳"。

一、服装造型结构设计与原创模拟实践

　　服装造型结构设计与原创模拟实践，是对服装款式造型与结构原创设计的探索性实训学习，实训过程一方面可以通过设计构思的不同方法、不同角度的训练进行原创款式的结构设计表现，另一方面可以通过对设计效果图、时装图片、期刊杂志上人物着装的款式造型等进行结构原创设计的模拟制板。

（一）款式造型设计与结构

　　服装设计理念和具体设计构思是实现服装设计作品的先导，而这些设计理念和具体设计构思又是与社会的科技成就、文化潮流以及人们的生活方式密不可分，因而也就形成了五花八门的服装设计风格类别，以及从各个角度进行思考的服装款式与结构设计的表现形式。

1. 服装设计风格类别与款式造型结构

不同的服装设计风格类别对应着相关的款式造型结构，形成各种设计类别大体的结构特征。以休闲类服装为例：生活休闲风格的服装款式造型与结构，讲究线形自然，弧线较多，外轮廓简单，零部件少且衣身块面感强，注重材质与层次的搭配；运动休闲风格的服装款式造型与结构，讲究宽松得体，具有明显的功能作用和良好的活动自由度，使人体在休闲运动中能够舒展自如；旅游休闲风格的服装款式造型与结构，同样具有运动休闲风格的宽松度及良好的自由度，但有些造型更为粗犷并伴随功能性部件增多；民俗休闲风格的服装款式造型与结构，能够巧妙地运用民俗图案和饰物以及扎染、蜡染等工艺，结构通俗直白而具有很强的民俗性；古典休闲风格的服装款式造型与结构，造型简洁单纯，强调结构的均衡性与精细度，效果端庄典雅，展示出一种古典美；前卫休闲风格的服装款式造型与结构，设计新颖、个性表现强烈，具有多元化的要素运用，结构往往强调解构性的层叠垂坠、扭曲翻转、破缺和局部的夸张。如图3-1所示，为生活休闲类服装的款式造型设计效果图、款式图、结构图和纸样试型；图3-2所示为内衣类服装的款式造型设计效果图；图3-3所示为民俗休闲类服装的款式造型设计效果图；图3-4所示为时尚休闲类服装的款式造型设计效果图、款式图、结构图；图3-5所示为前卫休闲类服装的款式造型设计效果图、款式图和纸样试型。

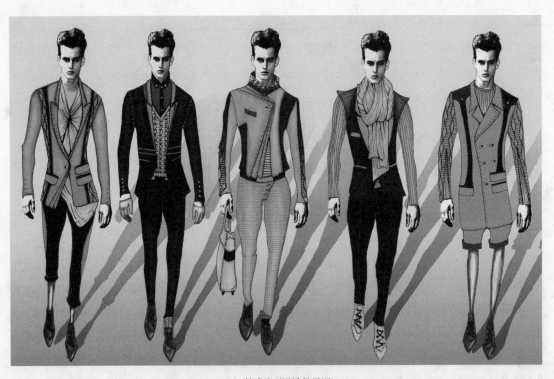

(a) 款式造型设计效果图

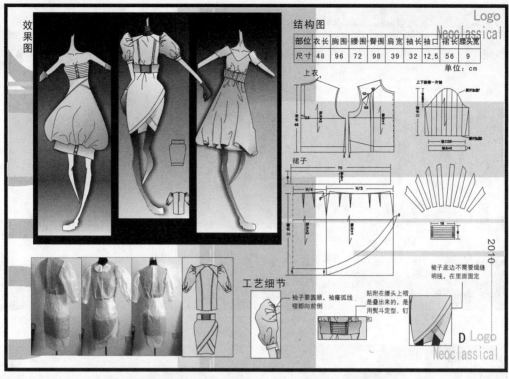

(b) 款式造型设计效果图、款式图、结构图和纸样试型

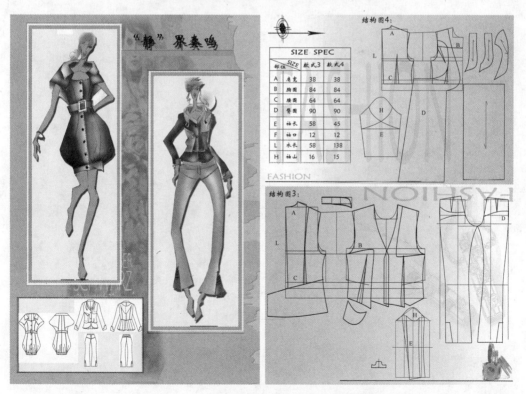

(c) 款式造型设计效果图、款式图和结构图

图3-1 生活休闲类服装的款式造型设计
（梁军工作室张明智、赵静、李金凤设计）

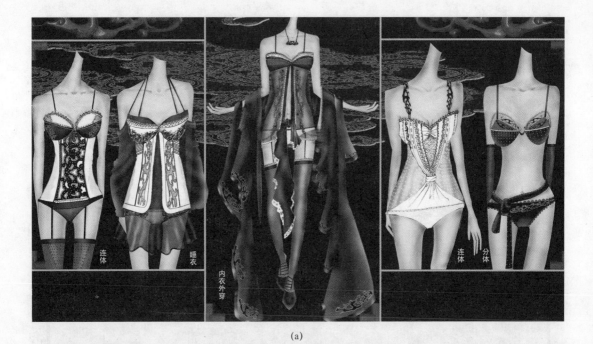

(a)

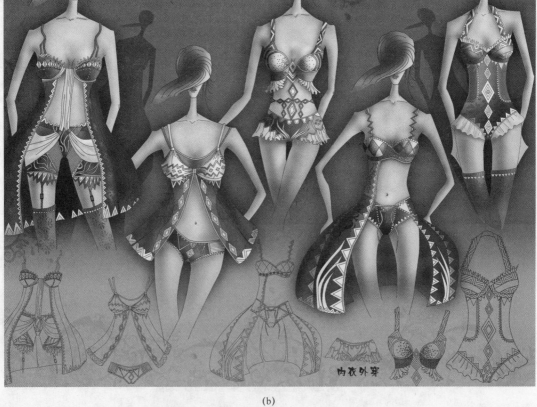

(b)

图3-2 内衣类服装的款式造型设计效果图

图3-3　民俗休闲类服装的款式造型设计效果图
（梁军工作室夏光雷、王海龙设计）

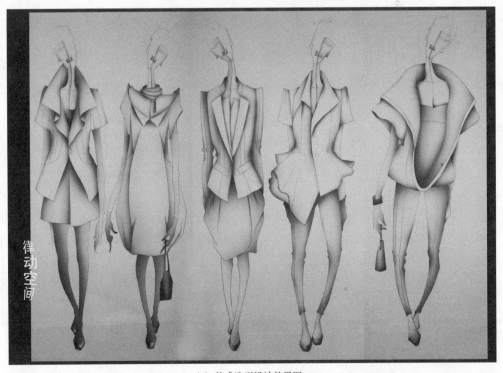

(a) 款式造型设计效果图

图3-4

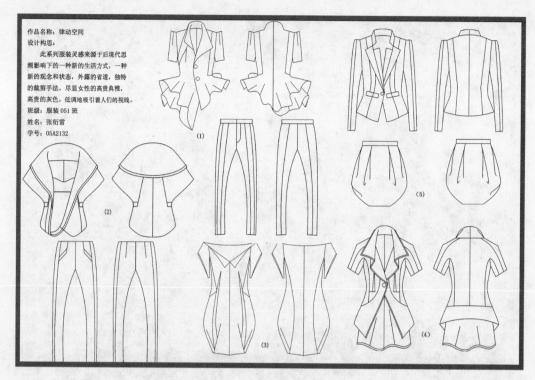

作品名称：律动空间

设计构思：

此系列服装灵感来源于后现代思潮影响下的一种新的生活方式，一种新的观念和状态，外露的省道，独特的裁剪手法，尽显女性的高贵典雅，高贵的灰色，低调地吸引着人们的视线。

班级：服装 051 班

姓名：张衍雷

学号：05A2132

(b) 图 (a) 的款式图

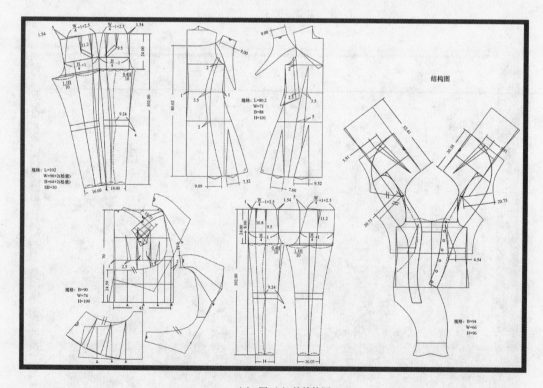

(c) 图 (a) 的结构图

图3-4 时尚休闲类服装的款式造型设计

（梁军工作室张衍雷设计）

(a) 款式造型设计效果图、款式图

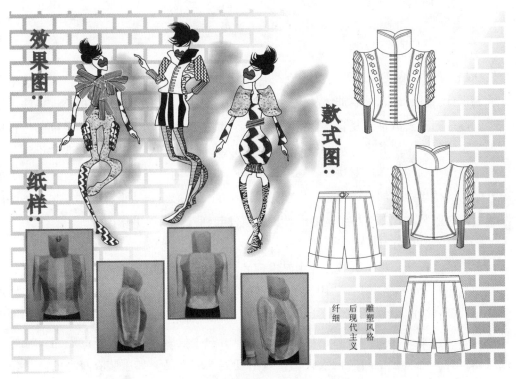

(b) 款式造型设计效果图、款式图和纸样试型

图3-5

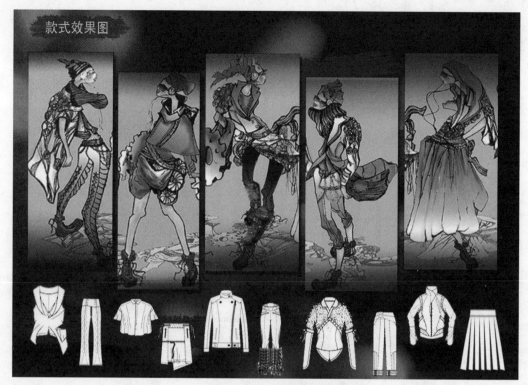

（c）款式造型设计效果图、款式图

图3-5　前卫休闲类服装的款式造型设计
（梁军工作室丁津津、李文美、何永明设计）

2. 设计方法、角度与款式造型结构

服装设计意图、理念的启迪，从设计思维层面，可通过服装设计构思的不同方法、不同角度，以进行对发散性、复合性创新思维的探索训练，培养学生对事物表象能够进行拆分、取舍、解构、重组并形成新的思维方式。如以辩证思维产生的"极限夸张法设计"、以逆向思维产生的"逆向反对法设计"、以逻辑思维产生的"引借变更法设计"、以形象思维产生的"仿生意向法设计"、以发散思维产生的"物形结合法设计""联想拓展法设计"等，都对服装款式造型与结构的设计灵感引发起到极大的促进作用。

（1）引借变更法设计

引借变更法设计，指对服装设计中已出现的具有较强时尚引导性和审美价值的服装风格、款式造型、色彩、面料、结构、工艺及饰物等要素，引用借鉴过来进行变更重新组合，形成一种新的服装款式造型结构表现形式。在服装商品性设计生产过程中，这种方法常被许多服装企业采用，因为这样可以较便捷地引领企业服装设计开发的思路，较好地把握时尚脉搏，在较短的时间内设计出符合市场需求的产品。如服装衣身上的"裂隙开洞""缝份外翻"等造型手法，在国际时装发布会上一经推广，很快就能见到服装企业引用此元素设计的成衣产品。而一些企业将市场上销售好的服装设计元素引借变更后用于自己的产品中，使其成为新的畅销服装产品，也不失为一种在服装产品设计开发中行之有效的办法。图3-6所示为以某些服装类别上的衣袋、襟带、腰头造型等为引借变更要素进行的服装设计创新应用，通过衣袋、襟带、腰头等元素的大小、形状、布局及其他要素的相应配合，表现出具有一定创新性的款式与结构造型设计。

（2）物形结合法设计

物形结合法设计，指将两种或两种以上原服装中的要素或其他事物结合起来进行设计，以创造出新形式和新产品的设计手法。例如：帽子与衣服的结合，产生连帽装的造型结构；背包、手袋与衣服的结合，产生行囊装的造型结构（图3-7）。而运用现代高科技手段产生的发光、隔热、防紫外线、防辐射、高强度等不同材料与纺织纤维的结合，能够使服装具有更多的特定功能，为服装设计提供了更为广泛的创新形式。而物形结合法不仅应用在服装设计中，如今还更多地被应用于其他设计门类，如电话与收录机、时钟、照相机、电视机、计算器、手电筒等原本属于各自独立物体的结合，产生了当今具有强大复合功能的手机。

(a) 引借变更衣袋、腰头造型的设计

图3-6

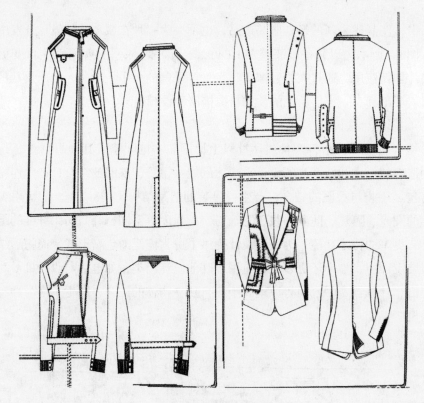

(b) 引借变更衣袋造型的设计

(c) 引借变更襻带、衣袋造型的设计

图3-6　引借变更法设计的应用
（梁军工作室赵冉冉、朱丽娟、赵文女设计）

（a）服装与背包、手包物形的结合设计

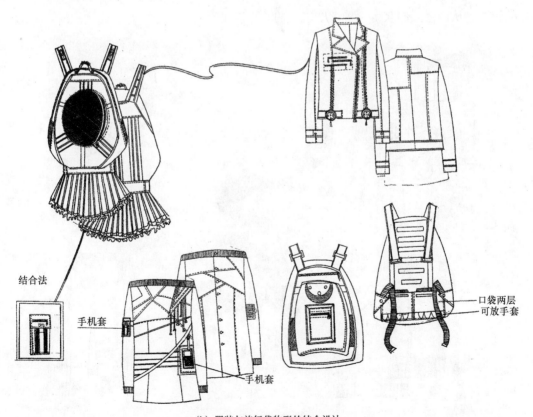

（b）服装与旅行袋物形的结合设计

图3-7　物形结合法设计应用
（梁军工作室卢永娇设计）

（3）联想拓展法设计

联想拓展法设计，指针对某一事物、现象或某种意念的原型展开联想所进行的创新性设计。由于每个人的社会文化背景、生活经历、艺术修养不尽相同，联想思维的展开、灵感想法的提取、作品设计的审美表达均会有各种不同情况，即使是对同一意念原型展开联想，最终的结果也是不同的。如2008年北京奥运会颁奖礼仪服装设计作品征集活动中，设计师们都不约而同地联想到从民族传统文化中提取设计元素进行作品表现，有从传统旗袍形制、有从龙凤图案、有从牡丹图案、有从华表云纹等方方面面展开联想的设计切入点，使这一主题成为当时部分设计师们孜孜以求、苦心探索的一项重要工作。

图3-8所示为以手表和仪器设备零件为原型，对其形态具象、抽象化提取，进行饰物装饰和款式构成的联想拓展设计。这两组设计虽不是什么大主题的联想，但通过对一般事物的联想与元素的拓展运用，也能获得颇有新意的设计形式与造型关系。

（4）逆向反式法设计

逆向反式法设计，指把服装原本符合规律的要素与穿着形式从相反或相对的角度思考，表现一种反常规的创新设计意图。如上装与下装、内衣与外衣、里与面、前与后的逆向反式设计等（图3-9）。逆向反式法设计可以改变设计者由常规思维形成的思维定式，能够带来突破性的设计灵感，其造型与结构设计往往会产生有个性特色、前卫感和意料之外的惊喜，从而使人们获得一种求新求异的心理满足。

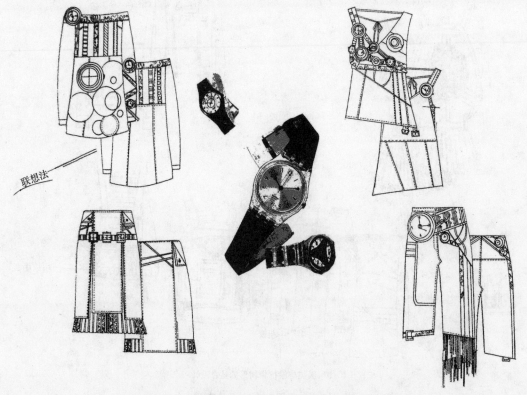

联想法

(a) 以手表为原型，对其形态进行具象、抽象化提取运用的饰物联想拓展设计

（b）以某仪器设备零件为原型，对其形态要素进行抽象化提取运用的联想拓展设计

图3-8　联想拓展法设计应用
（梁军工作室黄锦实、赵文女设计）

（a）将下装裤子、裙子的部分结构造型或手套等部件分别运用于上装衣身或披肩上

图3-9

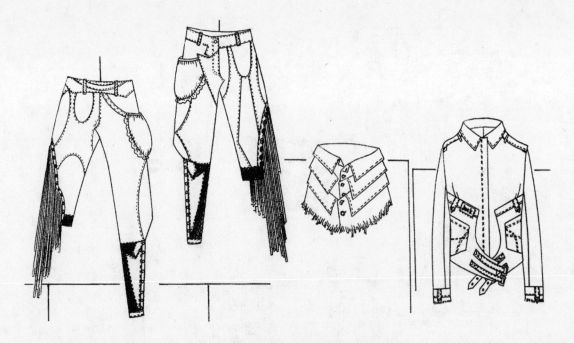

(b) 将内衣、领型、裤型元素分别运用于裤子、裙子、上装中

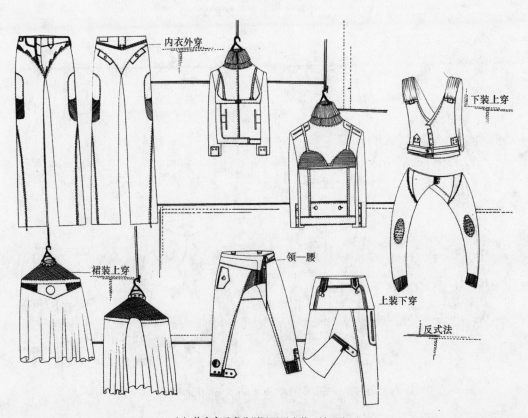

(c) 将内衣元素分别运用于上装、裤子中

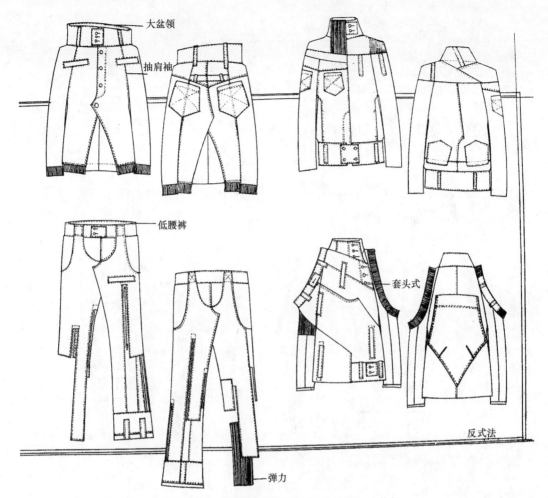

大盆领

抽肩袖

低腰裤

套头式

反式法

弹力

(d) 将内衣、裤子元素分别运用于裙子、裤子、上装中

图3-9　逆向反式法设计
（梁军工作室付照馨、卢永娇、朱丽娟、赵文女设计）

（5）极限夸张法设计

极限夸张法设计，指将服装上的造型与结构要素进行极度夸张或缩小，在被夸张和缩小的极限范围之内，寻求各种造型设计表现形式的可能性。如衣袋可以夸张成在衣身中占主体表现地位的款式要素；普通翻领可以夸张为大披肩领或极限拉长为飘带领；袖子可以极限夸张成戏服的水袖，也可以极限缩小为靠近袖窿的带状袖或紧贴手臂的紧身袖。在这极限夸张与缩小之间，设计师的审美判断力起着至关重要的作用，具有新意的服装设计形式表达往往就是在各种造型的可能性变化上进行捕捉（图3-10）。

（6）主题意境法设计

主题意境法设计，指以外界指定的主题或自己选定的主题为设计题材，从具象或抽象的角度对主题意境进行表现形式及造型结构的设计构思。主题意境法设计往往是综合性运用各种设计方法，并且是具有很多文化内涵思考的设计创作，因此它要求设计者对

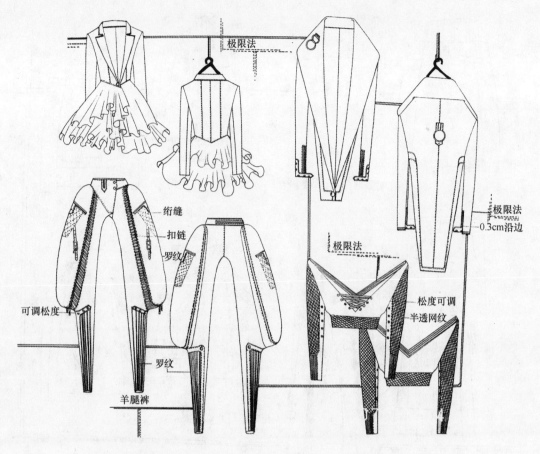

图3-10　通过领型、衣摆、裤子元素进行的极限夸张或缩小设计
（其中裤子的上半部分为极限式夸张，下半部分为极限式缩小）

历史、民族传统文化、人文社科等方面要有较为广泛的涉猎，能够对主题设计涉及的各方面知识进行高度归纳概括和提炼，并将其转化为可视的服装作品形象来表现主题的设计意境。图3-11所示为以"中国龙""中国戏剧脸谱"的主题内涵表达的主题意境设计。

（7）型量增减法设计

型量增减法设计近似于引借变更法，指对已出现的服装设计中具有时尚引导性和审美价值的服装款式造型、色彩、面料、结构、工艺及饰物等要素，进行增量、减量处理，使设计作品复杂化或简单化。这种方法的运用往往需要根据时尚流行趋势和服装档次归类来决定其设计要素是增量还是减量。在追求奢华的时代，服装设计大多运用型量加法；在崇尚简约的时代，一般运用型量减法。另外，高级时装设计、高级成衣设计一般运用型量加法，由此可表现出很强的艺术特征；而普及性很强的工业化成衣设计一般运用型量减法，因为工业化成衣生产往往需要删减不必要的零部件和无关紧要的装饰，其服装设计主要是体现时代精神（图3-12）。

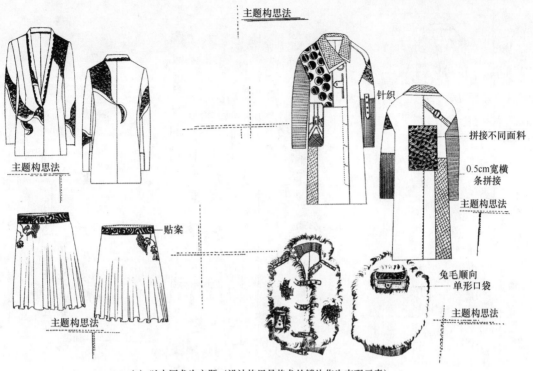

（a）以中国龙为主题（设计构思是将龙的鳞片作为表现元素）

（b）以中国戏剧脸谱为主题（设计构思是将脸谱图案作为服装款式构成和局部表现的设计元素）

图3-11 主题意境法设计应用
（梁军工作室朱丽娟、卢永娇设计）

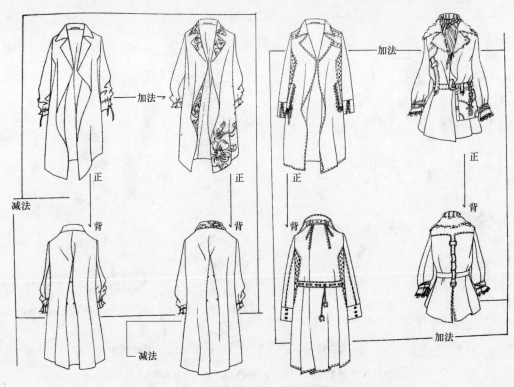

（a）两种衣型上设计元素的型量增减

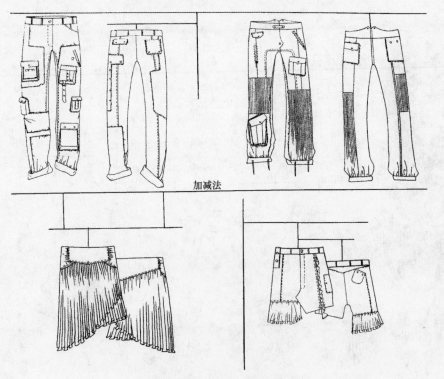

（b）裤子、裙子上设计元素的型量增减

图3-12　型量增减法设计应用
（梁军工作室付照馨设计）

（二）服装造型结构原创设计模拟

服装造型结构原创设计模拟实训，主要是通过分析设计效果图、时装图片等服装款式，诸如服装廓型、长短比例、分割关系、领型、袖型、加放量、面料、工艺手段等方面，获取模拟原创结构设计的相关依据。运用原型的展开变化按标准号型绘制出结构图，然后再用纸样或坯布在人台上试型，以检验结构原创模拟制板对造型表达的合理性与准确性。

1. 服装款式特征分析与平面结构原创模拟

服装设计作品的款式特征分析与平面结构原创模拟，关键在于纸样试型实践环节。进行平面结构原创模拟实训要特别注重学生对效果图、资料图片上的服装款式特征的分析理解，尤其是设计效果图绘画一般都有自己不同的个性风格，设计者画在效果图上的轮廓线、造型线、分割线的比例会有一定差异，进而导致与服装实际比例尺寸有所出入。学生在阅读这些服装图片时需认真仔细审视、分析，要做到从整体廓型上观察服装松紧、腰型曲直、肩线平斜等现象；从衣缝线条上观察衣片分割、收省数量、位置与形状以及衣缝走向等情况；从部件、附件设置上观察衣袋造型、尺寸与位置，褶裥、波浪、花边、襻带等设置变化；从重点造型部位上观察衣领弯曲程度、领角长短、串口线倾斜度、驳角宽度、袖山造型等形态状况。而且，第一个"看图制板"作业，是学生在完全脱离模仿参照的"拐棍"情况下，自己独立思考、设计绘制的结构图，学生在制图过程中往往会表现出不知所措、畏首畏尾，对服装资料图片的款式特点及各种关系分析不到位或无暇顾及，出现的错误和问题也较多。此时，老师要鼓励学生根据自己的观察大胆进行纸样试型，不要过多指责学生的错失，要在学生进行纸样试型感受衣型立体效果时，再指出各部位存在的问题及形成原因，并指导学生改进重做。如此，可大大加深学生对平面制图所对应的立体形态的理解与想象。反复进行"看图制板"与试型的调整实践，学生对服装衣身大体结构的把握会有一个飞跃性的提升。

图3-13~图3-21所示均为学生"看图制板"的原创模拟实训过程范例，即图片选择—结构分析及原创性模拟制图—纸样试型检验。这些原创性模拟制图虽然仍有这样那样的缺陷和不足，也可能与原图的实际结构设计存在一定差距，但作为学生在学习阶段所进行的原创性结构设计制图的探索尝试，已具有了非同寻常的价值和作用。

"看图制板"原创模拟实训，要从服装各种款式类型对学生进行大量训练，老师对每一款都要从出现问题的原因上给学生作解析，使其充分掌握服装结构设计的变化原理，达到由量变到质变的转化（图3-22~图3-40）。同时，还要配合选择适当款式及面辅料进行样衣制作，以使学生感受服装成衣的实际效果，全面掌握服装的本质特性，为设计思想表达拓展全面的灵性想象空间。

(a) 模特着衣图片　　(c) 正面纸样试型　　(d) 背面纸样试型

单位：cm

部位	衣长	肩宽	胸围	腰围	臀围	袖长	袖肥	袖口
尺寸	56	40	92	76	100	60	33	12

原型制图应用

(b) 模特着衣图片的结构设计原创性模拟制图

图3-13 "看图制板"原创模拟实训1
（梁军工作室汤华荣原创模拟制图与试型）

点评：此款服装的款式结构特征从原图上分析是合体、收腰、短衣身，后身结构可想象为与正面大致相同，衣身两侧各有一个腰省；门襟摆角有弧度，衣长在臀围之上；小翻驳领，三粒扣，自然肩线，两片袖；大贴袋的袋口抽褶具有较强的装饰性。该款结构图原创模拟绘制以这些特征为要点，经过纸样试型调整，已基本达到了原图的造型状态。

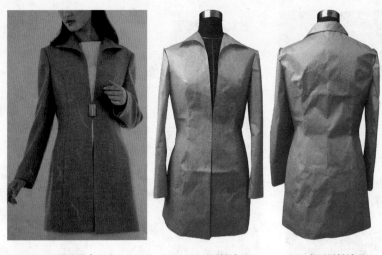

(a) 模特着衣图片　　　　(c) 正面纸样试型　　　　(d) 背面纸样试型

单位：cm

部位	衣长	肩宽	胸围	腰围	臀围	袖长	袖肥	袖口
尺寸	78	39	96	77	95	58	32	12

原型制图应用

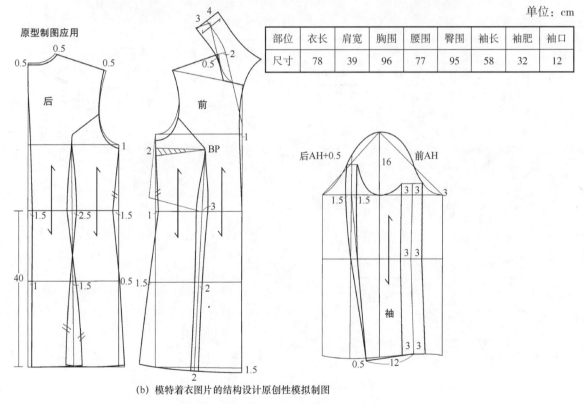

(b) 模特着衣图片的结构设计原创性模拟制图

图3-14　"看图制板"原创模拟实训2
（梁军工作室门丽丽原创模拟制图与试型）

点评：原图片上所呈现的服装款式结构特征为四开身、合体收腰、公主线分割、胸高处有较明显的转角、对襟、直摆、长衣身；后衣片可设想为与前衣片分割形式相似，后中线有背缝；平翻领，单链扣，自然肩线，两片袖。该结构设计绘图主要是对前衣片公主线分割中所含的胸省转移和领型状态的把握。领子可断开，也可连身，但连身会使领座较立挺，与原图款式有差距。该款结构原创模拟制图经过试型调整，基本体现了原图的款式结构特征。

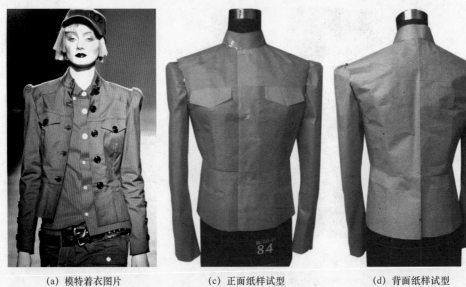

(a) 模特着衣图片　　　　(c) 正面纸样试型　　　　(d) 背面纸样试型

单位：cm

部位	衣长	肩宽	胸围	腰围	臀围	袖长	袖肥	袖口
尺寸	54	39	91	78	97	59	33	12

(b) 模特着衣图片的结构设计原创性模拟制图

图3-15　"看图制板"原创模拟实训3
（梁军工作室王海龙原创模拟制图与试型）

　　点评：原图中体现的服装款式结构特征为合体，前、后断胸断腰，短衣身，门襟为直摆角；立领，五粒扣，自然肩线，一片袖，具有军旅休闲风格。该结构设计绘图要点是前衣片断腰处与衣摆同样要相应下落，以弥补胸高的耗量；前、后肩可连接成无肩缝，前襟撇胸，领宽做相应扩展；袖山切展，袖肘以切展省作肘型。款式原创模拟制图经试型调整，基本体现了原图的款式结构特征。

(a) 模特着衣图片

(c) 正面纸样试型

(d) 背面纸样试型

单位：cm

部位	衣长	肩宽	胸围	腰围	臀围	袖长	袖肥	袖口
尺寸	56	38	92	80	97	58	34	13

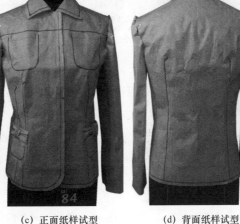

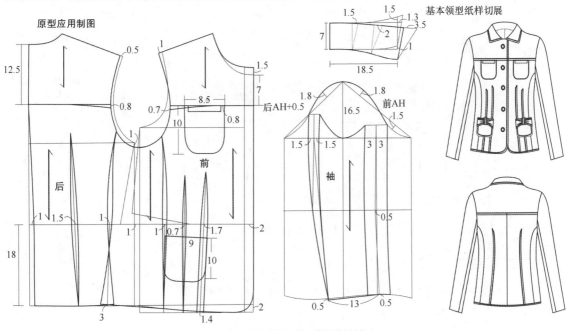

(b) 模特着衣图片的结构设计原创性模拟制图

图3-16 "看图制板"原创模拟实训4
（梁军工作室张庆唤原创模拟制图与试型）

点评：此款服装原图的款式结构特征合体、三开身、断胸、衣长及臀；后衣片可想象为与前衣片相呼应的收腰辅助省；平翻领，六粒扣，自然肩线，两片袖。该结构设计绘图要点是前后衣片收腰的省量分配、省位设置、领口下落及领型控制。款式原创模拟制图经试型调整，基本体现了原图的款式结构特征。

(a) 模特着衣图片　　　　(c) 正面纸样试型　　　　(d) 背面纸样试型

单位：cm

部位	衣长	肩宽	胸围	腰围	臀围	袖长	袖肥	袖口
尺寸	56	39	90	77	97	57	31	12

原型制图应用

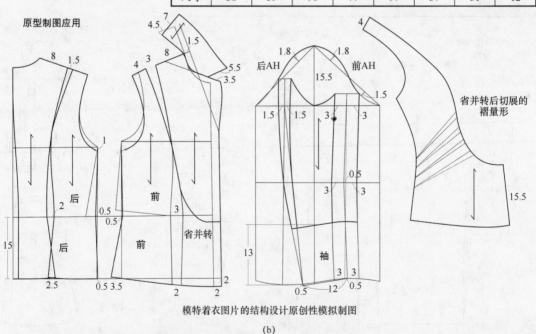

模特着衣图片的结构设计原创性模拟制图

(b)

图3-17 "看图制板"原创模拟实训5
（梁军工作室苑强原创模拟制图与试型）

点评： 原图服装款式结构特征为合体、收腰、短衣身，前衣片公主线由肩部向前襟弧线分割并在腰部收褶，后衣片可设计成公主线直通式分割；平翻领，小驳头，四粒扣，自然肩线，中长两片袖。该结构设计绘图要点主要是公主线弧线分割与胸腰省的结合，衣身基础腰省的合并转移及腰部褶量的展开。该款式原创模拟制图经试型调整，基本体现了原图的款式结构特征，但制图中前衣身基础腰省是闭合转移省，不应画为实线，而应表达出省闭合转移后的衣型状态。

(a) 模特着衣图片　　　(c) 正面纸样试型　　　(d) 背面纸样试型

单位：cm

部位	衣长	肩宽	胸围	腰围	臀围	袖长	袖肥	袖口
尺寸	56	38	91	75	96	58	31	12.5

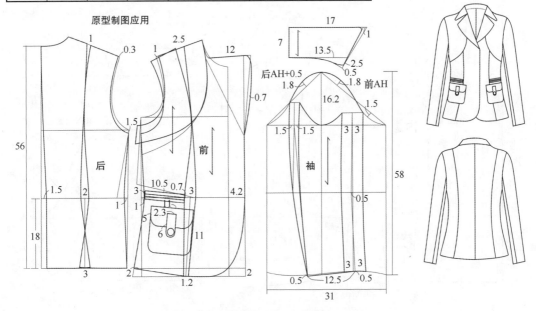

(b) 模特着衣图片的结构设计原创性模拟制图

图3-18 "看图制板"原创模拟实训6
（梁军工作室张庆唤原创模拟制图与试型）

点评： 原图服装款式结构特征为四开身、合体收腰、短衣身，前衣片公主线分割在育克下直通肩线，后衣片可设想为与前衣片相同；宽驳头、平翻领，驳头翻折线与领型翻折线有些角度不在一条翻折直线上；双排两粒扣，自然肩线，两片袖。该结构设计绘图要点主要是驳头与领型角度关系的控制，领型也可作成立翻领。款式原创模拟制图经试型调整，基本达到了原图的款式造型状态。

| | (a) 模特着衣图片 | (c) 正面纸样试型 | (d) 背面纸样试型 |

单位：cm

部位	衣长	肩宽	胸围	腰围	臀围	袖长	袖肥	袖口
尺寸	51	39	98	87	96	32	42	20

(b) 模特着衣图片的结构设计原创性模拟制图

图3-19 "看图制板"原创模拟实训7
（梁军工作室门丽丽原创模拟制图与试型）

点评：服装款式原图显示结构特征为直身合体、短衣身，分割线从领口斜直延伸连接上衣口袋；后衣片可设想为与前衣片相同；圆形坦领，领口有较大空隙；衣身上部单排三粒扣，借肩捏褶一片式短袖。该结构设计绘图要点分别是分割线结合胸省，前胸宽、后背宽减量，领口扩展量与领型的关系，衣袋造型及衣身松量的控制。原创模拟制图经过试型修改调整，基本体现了原图的款式结构特征。

（a）模特着衣图片　　（c）正面纸样试型　　（d）背面纸样试型

单位：cm

部位	衣长	胸围	肩宽	腰围	臀围	袖长	袖肥	袖口
尺寸	63	90	39	78	96	59	35	12.5

原型制图应用

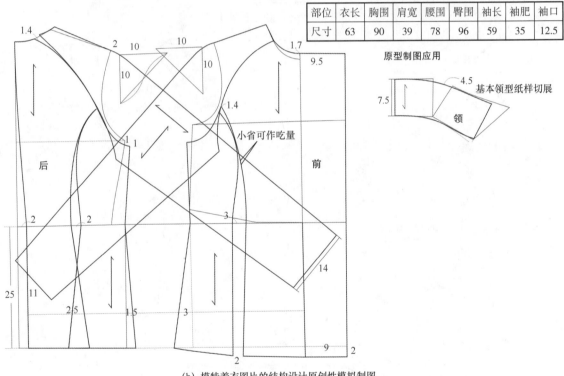

（b）模特着衣图片的结构设计原创性模拟制图

图3-20　"看图制板"原创模拟实训8
（梁军工作室贾昌迎原创模拟制图与试型）

　　点评：服装款式原图结构特征为合体四开身，双排扣门襟，分割线收腰从口袋处贯通与胸省共同塑型；后衣片可设想为与前衣片相同分割，有背缝；自然肩线插肩袖，平翻领。该结构设计绘图要点主要是分割线位置，胸省与分割线的关系，插肩袖角度与画法等方面的了解认知。制图虽有一些不足，但作为学生学习过程中进行的原创性制图探索，其试型状态已基本体现了原图的款式结构特征。

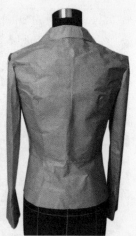

(a) 模特着衣图片　　　　(c) 正面纸样试型　　　　(d) 背面纸样试型

单位：cm

部位	衣长	肩宽	胸围	腰围	臀围	袖长	袖肥	袖口
尺寸	54	38	94	72	94	61	31	13.5

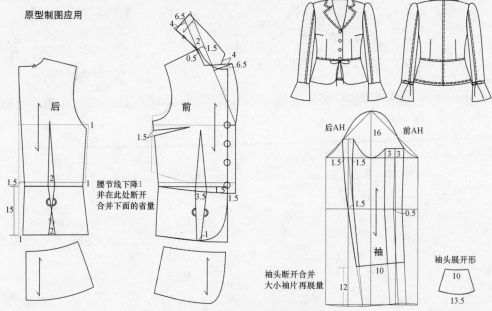

(b) 模特着衣图片的结构设计原创性模拟制图

图3-21　"看图制板"原创模拟实训9
（梁军工作室王海龙原创模拟制图与试型）

点评：原图体现的服装款式结构特征为腰身较贴体的短衣身，断腰并有胸省、腰省；后衣片可与前衣片做相同的断腰、收腰省设计并留有背缝；断腰线以上四粒扣，翻驳领，自然肩线，一片袖。结构设计绘图要点是前衣片断腰处与衣摆相应下落，以弥补胸高耗量，断腰处下部衣片基础省闭合转移，喇叭形袖口形态。该制图把一片袖改为两片袖，翻驳领倒伏量略大，不过纸样经试型调整，基本达到了原图的款式设计状态。

（a）模特着衣图片　　　　　（c）正面纸样试型　　　　　（d）背面纸样试型

单位：cm

部位	衣长	肩宽	胸围	腰围	臀围	袖长	袖肥	袖口
尺寸	54	39	97	78	97	58	33	12.5

原型制图应用

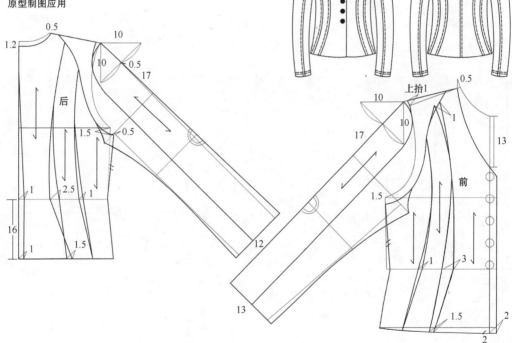

（b）模特着衣图片的结构设计原创性模拟制图

图3-22 "看图制板"原创模拟实训11
（梁军工作室杨翠柳原创模拟制图与试型）

　　点评：这款服装的结构制图要点是分割线与省位、省形、省量的结合分配以及插肩袖的变化，后衣身可进行相应设计。

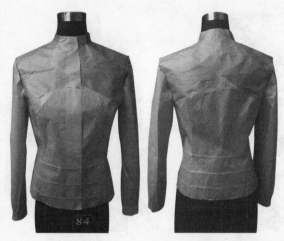

(a) 模特着衣图片　　　　(d) 正面纸样试型　　　　(e) 背面纸样试型

单位：cm

部位	衣长	胸围	腰围	臀围	袖长	袖口
尺寸	55	92	77	97	57	18

原型制图应用

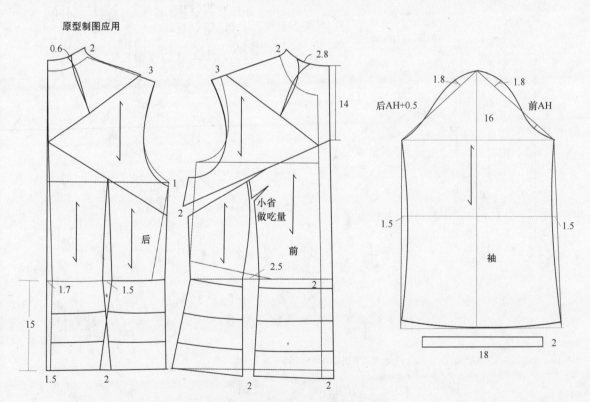

(b) 模特着衣图片的结构设计原创性模拟制图1

单位：cm

部位	衣长	肩宽	胸围	腰围	臀围	袖长	袖肥	袖口
尺寸	50	40	94	76	96	60	35	18

原型制图应用

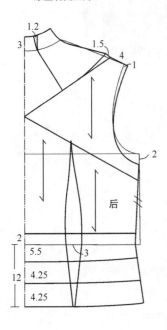
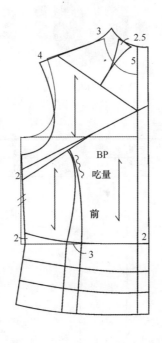
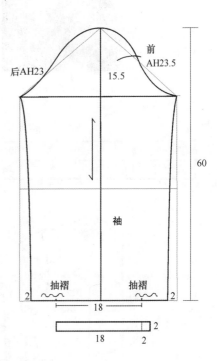

（c）模特着衣图片的结构设计原创性模拟制图2

图3-23 "看图制板"原创模拟实训10
（梁军工作室贾昌迎、门丽丽原创模拟制图与试型）

　　点评：原图服装款式结构特征为收腰合体，短衣身，胸、肩部交叉分割，侧胸处纵向分割，衣身下部横向捏出三道立体脊线；后衣片可想象与前衣片做相同设计，背缝可有可无；暗门襟，连身立领，自然肩线，一片袖。结构设计绘图要点是胸省转移与胸、肩部交叉分割的关系，侧胸处纵向分割胸省余量处理，连身立领形态与分割线交叠量的控制，衣身下部横向三道立体脊线的放量，袖口褶量与袖型控制等。范例中两个学生的纸样试型虽然并无较大差别，但由于各自对款式结构特征的感受不尽相同，原创模拟制图的表达也存在差异。

(a) 模特着衣图片 　　　　(c) 正面纸样试型 　　　　(d) 背面纸样试型

单位：cm

部位	衣长	肩宽	胸围	腰围	臀围	袖长	袖肥	袖口
尺寸	71	39	97	94	92.5	57	36	21

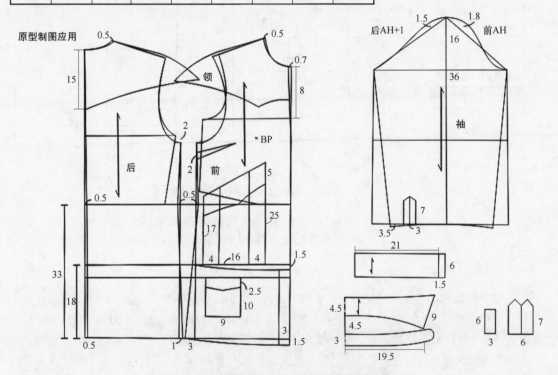

(b) 模特着衣图片的结构设计原创性模拟制图

图3-24 　"看图制板"原创模拟实训12
（梁军工作室苑强原创模拟制图与试型）

点评： 这款服装的结构制图要点是衣身廓型、松量、局部造型及衬衫领控制，后衣身可进行相应设计。

(a) 模特着衣图片

(c) 正面纸样试型

(d) 背面纸样试型

单位：cm

部位	衣长	肩宽	胸围	腰围	臀围	袖长	袖肥	袖口
尺寸	56	42	91	78	123	58.5	33	11

原型制图应用

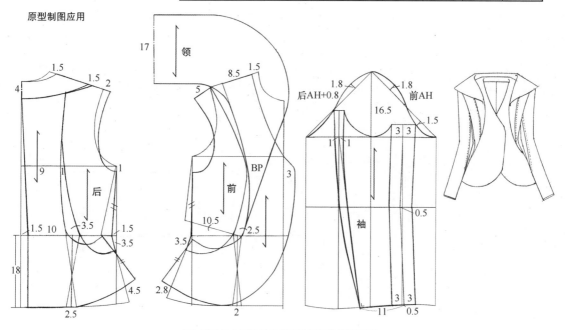

(b) 模特着衣图片的结构设计原创性模拟制图

图3-25　"看图制板"原创模拟实训13
（梁军工作室王淦原创模拟制图与试型）

　　点评： 此款服装的结构制图要点是衣身腰线以下基础省闭合转移，插身披肩领造型与结构关系，后衣身可进行相应设计。

(a) 模特着衣图片   (c) 正面纸样试型   (d) 背面纸样试型

单位：cm

部位	衣长	肩宽	胸围	腰围	臀围	袖长	袖肥	袖口
尺寸	50	42	90	76	97	58	32	11

原型制图应用

(b) 模特着衣图片的结构设计原创性模拟制图

图3-26 "看图制板"原创模拟实训14
（梁军工作室包括原创模拟制图与试型）

点评： 此款服装的结构制图的要点是前衣身纵向基础腰省在腰部横向分割处的省位转移，前胸衣身领巾形的展量形态，后衣身可进行相应设计。

（a）模特着衣图片

（c）正面纸样试型

（d）背面纸样试型

单位：cm

部位	衣长	肩宽	胸围	腰围	臀围	袖长	袖肥	袖山高	袖口
尺寸	54	38	94	76	96	58	33	16.5	12.5

原型制图应用

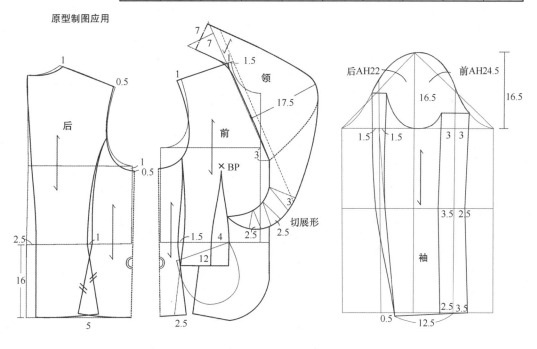

（b）模特着衣图片的结构设计原创性模拟制图

图3-27 "看图制板"原创模拟实训15
（梁军工作室门丽丽原创模拟制图与试型）

点评：此款服装的结构制图要点是前衣身胸腰省的分配与口袋内衣片的断切，门襟领型饰边的展开与领型倒伏的整体造型关系，后衣身可进行相应设计。

(a) 模特着衣图片	(c) 正面纸样试型	(d) 背面纸样试型

单位：cm

原型制图应用

部位	衣长	肩宽	胸围	腰围	臀围	袖长	袖肥	袖口
尺寸	56	38	93	80	97	58	31	13

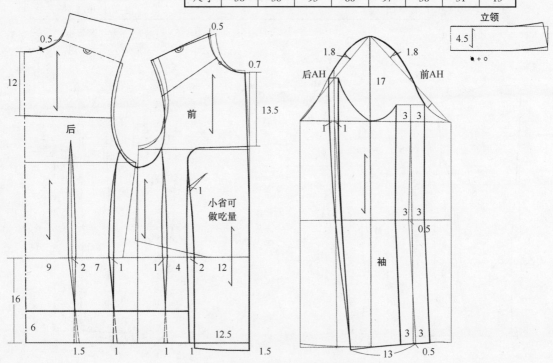

(b) 模特着衣图片的结构设计原创性模拟制图

图3-28　"看图制板"原创模拟实训16
（梁军工作室杨超原创模拟制图与试型）

点评：此款服装的结构制图要点是前衣身的长方形分割与胸腰省相结合，胸省余量的处理（缝制时可做吃量），前后基础肩线可合并，后衣身进行相应设计。

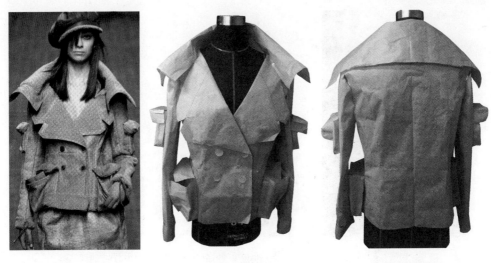

(a) 模特着衣图片　　　　(c) 正面纸样试型　　　　(d) 背面纸样试型

单位：cm

部位	衣长	肩宽	胸围	腰围	臀围	袖长	袖肥	袖山高	袖口
尺寸	57	41	102	92	105	63	35	17.5	13.5

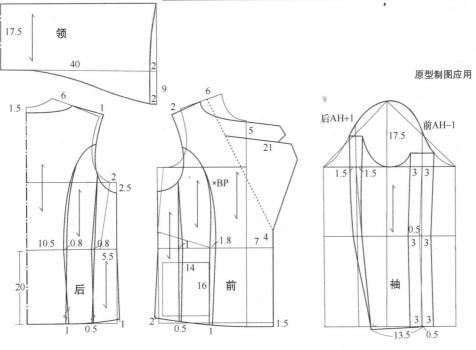

(b) 模特着衣图片的结构设计原创性模拟制图

图3-29　"看图制板"原创模拟实训17
（梁军工作室门丽丽原创模拟制图与试型）

点评： 此款服装的结构制图要点是衣身宽松略有收腰，分割线位置、省量分配的控制，驳头大角度翻折与领型、领口的结构关系，后衣身可进行相应设计。

(a) 模特着衣图片　　　　(c) 正面纸样试型　　　　(d) 背面纸样试型

单位：cm

部位	衣长	肩宽	胸围	腰围	臀围	袖长	袖肥	袖口
尺寸	64	40	94	73	93	63	32	14

原型制图应用

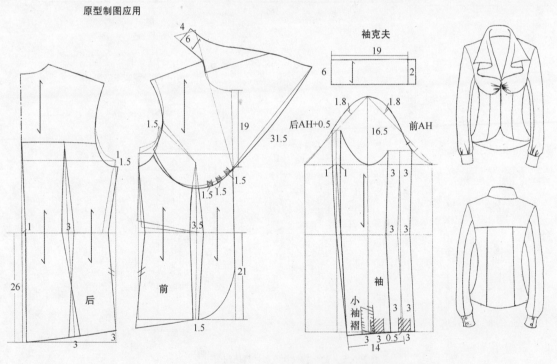

(b) 模特着衣图片的结构设计原创性模拟制图

图3-30　"看图制板"原创模拟实训18
（梁军工作室杨超原创模拟制图与试型）

点评：此款服装的结构制图要点是胸省的并转及垂叠领型的型量控制与衣身的相互关系，后衣身可进行相应设计。

(a) 模特着衣图片

(c) 正面纸样试型

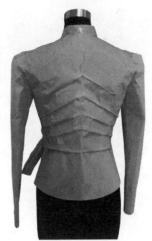
(d) 背面纸样试型

单位：cm

部位	衣长	肩宽	胸围	腰围	臀围	袖长	袖肥	袖山高	袖口
尺寸	53	41	94	74	94	60	31	16	12

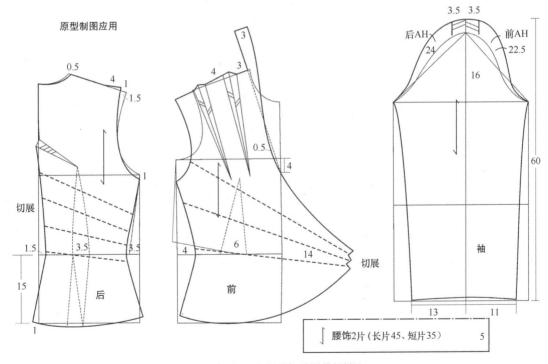

(b) 模特着衣图片的结构设计原创性模拟制图

图3-31　"看图制板"原创模拟实训19
（梁军工作室门丽丽原创模拟制图与试型）

点评： 此款服装的结构制图要点是衣型贴体，腰部收量较大，基础胸腰省一部分转移至肩，一部分合并转移为前衣片腰身展量的叠褶量，袖山抬高捏褶，后衣片进行相应设计。

(a) 模特着衣图片

(c) 正面纸样试型

(d) 背面纸样试型

单位：cm

部位	衣长	肩宽	胸围	腰围	臀围	袖长	袖肥	袖山高	袖口
尺寸	56	39	94	77	95	58	32	16	12

原型制图应用

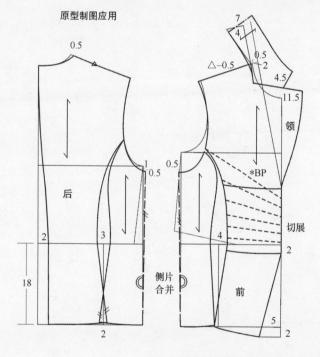

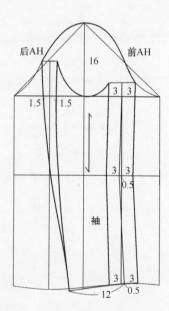

(b) 模特着衣图片的结构设计原创性模拟制图

图3-32 "看图制板"原创模拟实训20
（梁军工作室门丽丽原创模拟制图与试型）

点评： 此款服装的结构制图要点为三开身，前衣片腰身处捏褶与图3-31（b）有些相似，但捏褶是以前衣片切展量大小及顺带胸省余量来控制，后衣片可进行相应设计。

(a) 模特着衣图片　　　　　　(b) 人台着衣图片　　　　　(d) 正面纸样试型　　(e) 背面纸样试型

单位：cm

部位	衣长	肩宽	胸围	腰围	臀围	袖长	袖肥	袖山高	袖口
尺寸	54	42	88	68	100	60	32	16.5	12

原型制图应用

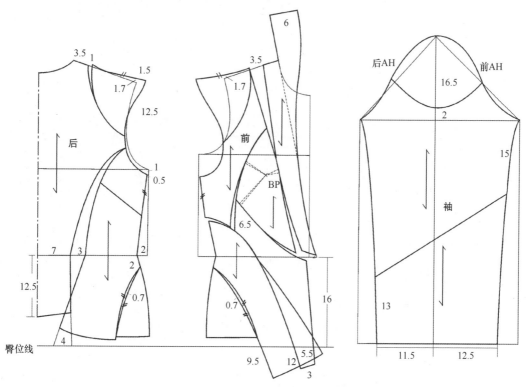

(c) 模特着衣图片的结构设计原创性模拟制图

图3-33　"看图制板"原创模拟实训21
（梁军工作室门丽丽原创模拟制图与试型）

点评：此款服装的原图设计为非常规结构，个性特色较强，结构制图要点是衣身分割拼接交错复杂，围绕胸腰省合并转省的应用较多，难度较大，要进行多次的纸样试型调整。

(a) 模特着衣图片

(c) 正面纸样试型

(d) 背面纸样试型

单位：cm

部位	衣长	肩宽	胸围	腰围	臀围	袖长	袖口
尺寸	64	44	112	103	112	59	14

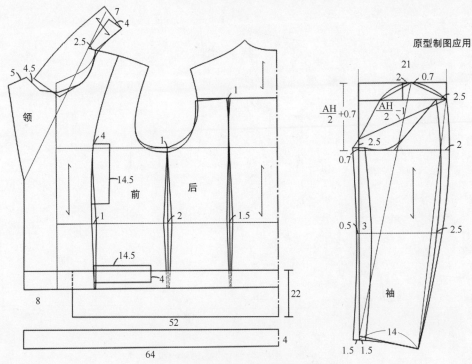
(b) 模特着衣图片的结构设计原创性模拟制图

图3-34 "看图制板"原创模拟实训22
（梁军工作室苑强原创模拟制图与试型）

点评：此款男装的结构要点是衣身呈直线型略有收腰，关键是对省位、省量、驳头、领型以及衣身形态与松量的控制，后衣身可进行相应设计。

（a）服装款式图　　　　　　　　　　　　（c）正面纸样试型

单位：cm

部位	衣长	肩宽	胸围	腰围	臀围	袖长	袖口
尺寸	62	44	108	98	105	60	13.5

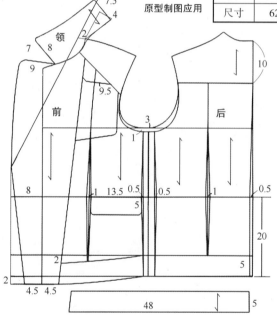

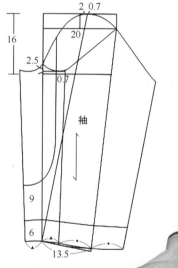

（b）服装款式图的结构设计原创性模拟制图

图3-35　"看图制板"原创模拟实训23
（梁军工作室苑强原创模拟制图与试型）

点评：此款男夹克的款式图为直线型衣身略有收腰，结构制图要点仍是对省位、省量、驳头、领型倒伏以及衣身形态与松量的控制。

（d）背面纸样试型

(a) 模特着衣图片

(c) 正面纸样试型

(d) 背面纸样试型

单位：cm

部位	衣长	肩宽	胸围	腰围	臀围	袖长	袖口
尺寸	68	44	107	94	109	60	14

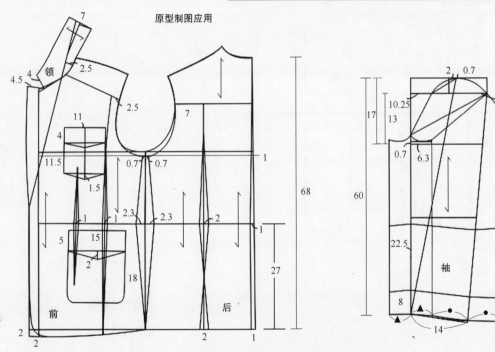

(b) 模特着衣图片的结构设计原创性模拟制图

图3-36　"看图制板"原创模拟实训24
（梁军工作室苑强原创模拟制图与试型）

点评： 此款男装的衣型较为合体，有一定的收腰量，结构制图要点是对省位、省量、部件与衣身形态及衣身松量的控制，后衣身可进行相应设计。

（a）模特着衣图片

（c）正面纸样试型

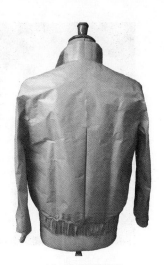

（d）背面纸样试型

单位：cm

部位	衣长	肩宽	胸围	臀围	袖长	袖肥	袖口
尺寸	67	47	114	92	66	46	18

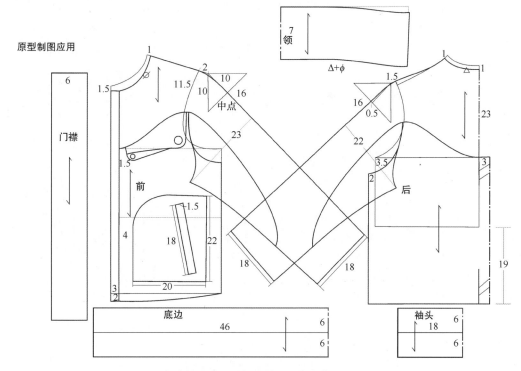

（b）模特着衣图片的结构设计原创性模拟制图

图3-37　"看图制板"原创模拟实训25
（梁军工作室门丽丽原创模拟制图与试型）

点评： 此款男装衣型较短、直身宽松，结构制图要点是插肩袖画法、衣身与袖型分割、部件形态尺度及衣身松量的控制，后衣身可进行相应设计。

(a) 模特着衣图片

(c) 正面纸样试型

(d) 背面纸样试型

单位：cm

部位	衣长	肩宽	胸围	腰围	臀围	袖长	袖肥	袖山	袖口
尺寸	77	44	105	88	106	62	42	17.5	14

原型制图应用

(b) 模特着衣图片的结构设计原创性模拟制图

图3-38　"看图制板"原创模拟实训26
（梁军工作室门丽丽原创模拟制图与试型）

点评：此款男装的原图衣型收腰合体，结构制图要点主要是基本款西服腰部省量的加大与分配，双排扣戗驳头与领型的关系。

（a）模特着衣图片

（c）正面纸样试型

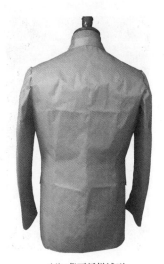
（d）背面纸样试型

原型制图应用

单位：cm

部位	衣长	肩宽	胸围	腰围	臀围	袖长	袖肥	袖山	袖口
尺寸	74	44	106	89	105	62	42	17.5	14.5

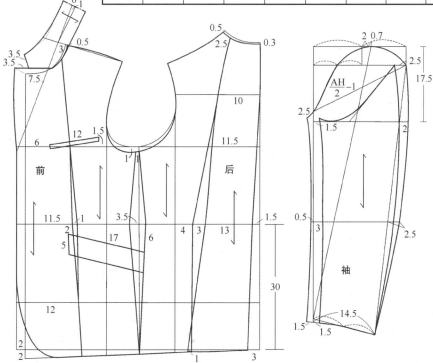

（b）模特着衣图片的结构设计原创性模拟制图

图3-39 "看图制板"原创模拟实训27
（梁军工作室原创模拟制图与试型）

点评： 此款男装原图衣型收腰合体，分割线从领口纵向倾斜延伸，结构制图要点是把握省量的分配与分割线的形态，后衣片可进行相应设计。

(a) 模特着衣图片

(c) 正面纸样试型

(d) 背面纸样试型

单位：cm

部位	衣长	肩宽	胸围	腰围	臀围	袖长	袖口
尺寸	64	44	102	92	103	61	14.5

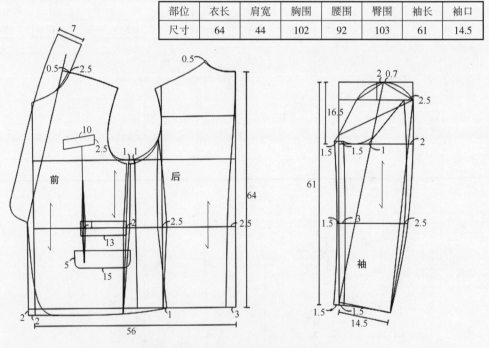

(b) 模特着衣图片的结构设计原创性模拟制图

图3-40 "看图制板"原创模拟实训28
（梁军工作室苑强原创模拟制图与试型）

点评：此款男装原图衣型收腰合体，结构制图要点是在基本款西服衣型上的变化，控制驳头、领型及部件元素等。

2. 服装款式特征分析与立体结构原创模拟

服装款式特征分析与立体结构原创模拟，是先从立体裁剪入手进行款式结构造型，然后再还原到平面结构板型。这种从立体裁剪入手的结构设计优势，在于用纸样或坯布立体裁剪对服装款式造型结构表达的三维直观性。其实，立体结构设计与平面结构设计是互为依存、互为补充的，也就是说平面结构制图是先平面绘图再立体试型，而立体结构设计是先立体裁剪造型再进行平面修型拓板，它们彼此都含有平面与立体的关系。立体结构设计最终是以各个分解的衣片体现平面板型，平面结构设计是以立体试型来修正平面结构制图中的缺陷和不足，两种结构设计方法各有优势。比较而言，如果有一些结构设计基础，对较常规化的服装款式运用平面结构设计制图要相对简便快捷一些，而对于一些设计感较强的非常规款式造型，则可先从立体裁剪结构设计入手分析其款式造型的空间型量和结构变异性关系。

在进行立体结构原创模拟之前，首先要做的是同平面原型应用结构设计一样，即要对服装资料图片上的服装款式特征进行细致深入的审视、分析，同时明确立体裁剪造型的思路与程序步骤。对于初学者，立体裁剪造型也可先大致剪裁出具有款式型量特征的造型草稿，对造型有了一定尺寸后，再做细致严谨的结构关系。做立体裁剪结构造型，以先具备一些平面结构制图能力为好，因为已掌握的服装结构基础性知识和结构之间的相互关系有助于对立体裁剪造型的结构分析判断。图3-41～图3-43所示均为学生所做的立体结构原创设计造型实例。

二、结构原创模拟与样衣制作实践

样衣制作是完成服装设计作品的最终环节。也就是说，在对服装造型结构设计原创模拟制图、试型后，要通过最终的工艺制作来完成样衣实物。因为纸样、坯布只是服装应用面料的替代物，纸样、坯布的试型效果与服装的实际面料表现有着较大差距，不同服装款

（a）正面图　　　　　　（b）侧面图　　　　　　（c）坯布缝合试型

图3-41　立体结构原创设计与试型1

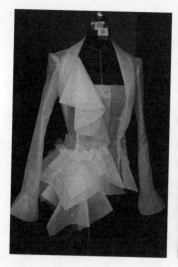
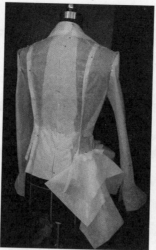

(a) 正面图　　　　　　　　　(b) 背面图　　　　　　　　　(c) 坯布缝合试型

图3-42　立体结构原创设计与试型2

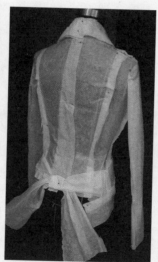

(a) 正面图　　　　　　　　　(b) 背面图　　　　　　　　　(c) 坯布缝合试型

图3-43　立体结构原创设计3
（梁军工作室于静静、赵春雷设计与试型）

式造型决定着不同的服用面料，而它们所表现出的面料张力、伸缩性、悬垂度、柔韧感及外观质感的肌理特征是大相径庭的。因此，只有运用实际面料制作样衣成品，并与纸样、坯布试型状态进行比较，才能更深刻地体会和理解服装设计的本质。

（一）结构原创制板模拟与试型

结构原创制板模拟与试型，与前面的服装造型结构原创设计模拟实训大致相同，但不同的是，服装结构原创制板模拟与试型，是针对实际的着装对象制作服装样衣，而不是单一的按标准号型制图的试型模拟练习。这种具有针对性的结构原创制板模拟与试型，必须从不同的服装穿着个体去考虑每个人的形体特征，而对不同个体形体差异性的结构设计，才能够更有效地提升结构原创制板的能力。

1. 结构原创模拟造型表现

结构原创模拟造型表现，是具体运用平面制板或立裁制板方法对服装造型结构进行原创模拟及试型。平面制板一般都是以原型或基本款衣型进行平面结构的变化展开设计。立裁制板则是通过在人台上立体造型设计完成结构制板。这些方法的基础知识在很多书中都有详细讲解，这里只做相关方法应用的试型分析。

通常人们往往把样衣试缝、假缝看作服装工艺制作环节。其实，服装样衣的试缝、假缝应该属于服装结构设计的延续，因为任何一个有经验的设计师、板师，在进行原创设计制板时都不可能一次成功，尤其是对那些颇具创新性的结构造型与面料选用，在经过纸样试型修正确定之后，要用与正式面料物理性能相近的坯布或替代面料进行样衣试缝再次观察。由于纸样试型的纸张与织物本质不同，纸样衣型具有纸的张力与硬挺度，而纺织物带有柔软性和悬垂性，两者的衣型外观效果会有一定差距。因此，如果能用与正式制作面料特性相近的坯布缝合试型，将为精细调整修正板型起到更好的参考作用。如图3-47（a）、图3-48（a）、图3-49（a）所示，分别是以立体裁剪拓板后进行的纸样拼合试型，图3-47（b）、图3-48（b）、图3-49（b）所示分别是对应纸样试型调整后进行的坯布缝合试型。从图中展示的情况看，纸样试型与坯布试型存在着较明显的差异性。

2. 结构制图的拓板

服装结构设计经过立体试型调整之后，将所对应的结构制图各部位按试型调整好的结构关系进行逐一修改，然后将硫酸纸覆在修改好的结构制图上面将其分片透画出来，并按所画结构图的每片外轮廓线剪出衣片的结构廓型，最后在牛皮纸上将硫酸纸剪出的衣片结构廓型以每片相距3cm左右粘贴固定，待加放缝份后剪切下来成为最终的服装结构板型。这是对学生样衣制作所采取的一种简便易行的拓板方法。

3. 板型的缝份加放

板型的缝份加放，是在粘贴好硫酸纸衣片结构的牛皮纸上，根据衣片缝合制作的工艺要求，在牛皮纸上按硫酸纸衣片结构边沿加放出适当缝份，即服装制作时的缝合量。在加放缝份的同时还要将腰围线、绱领止点、绱袖标记等主要在衣片缝合中起对位作用的标记点剪出定位剪口，并标记出面料运用的纱线方向，这些在服装制作相关书籍中都有明确阐述。

图3-44（a）、图3-45（a）所示分别是经过纸样试型修改过的结构设计制图，图3-44（b）、图3-45（b）所示则分别是对图3-44（a）、图3-45（a）结构制图各衣片的缝份加放。通常情况下缝份的缝合量为1cm，但根据部位不同、制作工艺不同，缝份量会有一些变化，如领子的缝份或包缝制作工艺的缝份就需要留大一些。另外，在衣片结构的分割尖角、弯角处要多留出一些缝合量，以避免尖角、弯角部位的衣片缝合缝份翻折后有缺损现

象。特别是两片袖的小袖片袖山尖角处、大袖片袖山弧转角处、衣身刀背缝分割的袖窿尖角与弯角处等。

单位：cm

部位	衣长	肩宽	胸围	腰围	臀围	袖长	袖口
尺寸	52	40	90	75	109	58	12

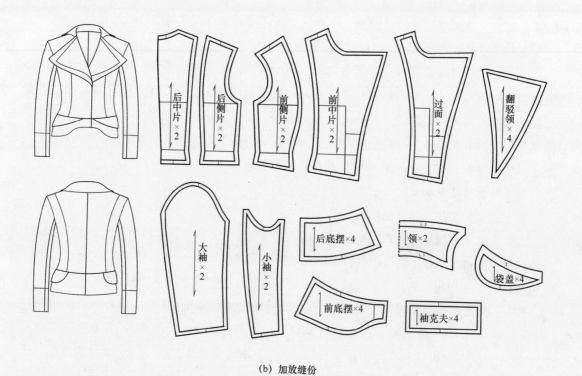

（a）原创制图

（b）加放缝份

图3-44 结构设计的制图与缝份加放实例1

单位：cm

部位	衣长	肩宽	胸围	腰围	臀围	袖长	袖肥	袖口
尺寸	46	48	88	72	98	58	32	13

原型制图应用

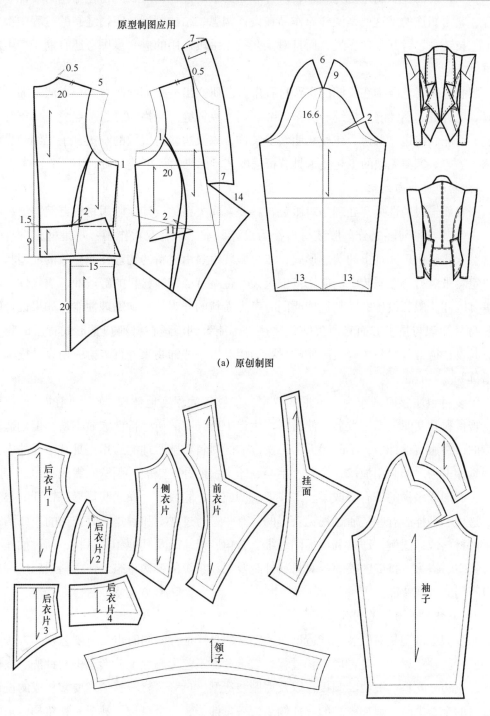

(a) 原创制图

(b) 加放缝份

图3-45　结构设计的制图与缝份加放实例2

（二）样衣制作

服装设计的样衣制作是完成服装设计成品的最后过程，样衣的物化工艺与设计是相互融合、紧密相连的。这就是说样衣作品在设计构思、结构制板、实物缝制的过程中都要结合工艺技巧去思考其表现形式，而且对工艺技术手段运用的进一步思考还有助于产生新的构思创意。

服装缝制工艺技术在长期的实践过程中，已研究出一整套缝制技术与方法，如绷缝、纳缝、回针缝、倒针缝、缲缝、三角针缝、司麦克针缝、网格针缝、星点缝、梯子针缝、镶嵌、盘花、滚边、贴边、包梗、明线等装饰，以及边缝边熨烫的归拔、手工编织、各种刺绣，等等。完美无缺的工艺技术具有很强的艺术感染力和审美品质。

1. 材料选择与处理

服装面辅料的选择与处理是对服装材料要素间关系的设计，服用材料有粗与细、刚与求、滑与涩、重与轻之分。服装材料作为设计要素，具有双重作用：一是材料自身的视觉、触觉质感肌理体现出的美感形式；二是服装材料由材料的物理性能导致的成型状态，它决定着服装材料在服装中的应用范围及设计造型特征，即材料的舒适性、透气性、耐磨性等。因此，服装设计的面料选用要同时考虑面料的外观特征和物理性能。如果设计师在服装材料知识与技术方面有所欠缺，往往是不能看到渗透在材料视觉形式背后的物理性能，其设计通常是以脱离服装品质的材料运用或以一些饰物来进行装扮，使设计成为一种"道具"。

服装材料质感肌理作为一种形式要素，能够较大程度地体现当今人们的一种审美需求。现代科技文明的高度发展，使材料在生产中所具有的质感特性愈显丰富，但创造是无止境的，在服装设计中，不断经人为二次改造的材料质感肌理的运用则具有更强的表现力和视觉冲击力。如利用抽丝、镂空、手绘、印染、贴补、镶嵌、刺绣、缉线、缀缝等工艺手段，可形成多样的带有坚或柔、滑或涩、凹或凸、隐或露、燥或润等形态特征的心理样态。这种心理样态有些是通过视觉获得的，有些是通过视觉和触觉同时获得的。如图3-46所示的材料改造图例，即是利用不同纤维、布角、绳、线及其他相关材料，通过抽丝、编结、镂空、嵌缀、拼缝、喷涂等对材料外观及织物组织的解构重组，使材料质感肌理具有各自不同的外观特征。

2. 假缝试型与工艺制作

服装假缝试型是对服装设计造型及功能性的总体把握，同时也是对工艺制作方法更深入的思考。这些思考一是考虑工艺过程，二是考虑工艺形态及工艺形态中的针法、线迹、嵌牙、镶边、吃势、熨烫的归拔，以及由服装造型、色彩、材料等形式要素构成的设计效果进行的全盘推敲。诸如服装的一片领子、一只袖子、一个口袋，甚至一粒纽扣，都同时存在造型、色彩、材料与工艺的关系。就拿服装的纽扣来说，其色彩、材质必须与服装整体风格相一致，纽扣与服装整体的对比和调和关系往往成为服装中的"点睛"之笔。服装

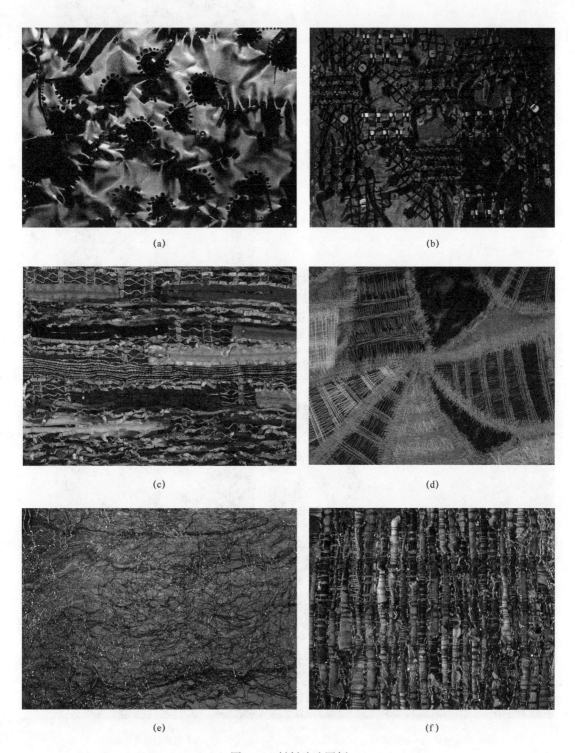

图3-46 材料改造图例
［（a）~（c）为梁军工作室闫超超、包阔设计制作，（d）~（f）为韩国学生设计制作］

工艺形态与工艺过程的选择和调配就是服装的设计过程。

图3-47～图3-49所示分别是由立体裁剪拓板后的纸样拼合试型、对应纸样试型调整后进行的坯布缝合试型、样衣制作成品展示。

(b) 坯布缝合试型

(a) 纸样拼合试型

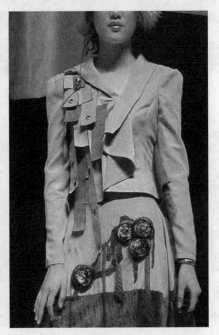

(c) 样衣制作成品展示

图3-47　立裁拓板后的纸样试型—坯布试型—样衣制作实例1

| （a）纸样拼合试型 | （b）坯布缝合试型 | （c）样衣制作成品展示 |

图3-48　立裁拓板后的纸样试型—坯布试型—样衣制作实例2

| （a）纸样拼合试型 | （b）坯布缝合试型 | （c）样衣制作成品展示 |

图3-49　立裁拓板后的纸样试型—坯布试型—样衣制作实例3
（梁军工作室王超、刘晓旭设计制作）

图3-50～图3-53所示分别是由平面结构制板完成的纸样试型、样衣制作成品展示（图3-50、图3-51所示的平面结构制图与板型参见图3-44、图3-45）。

(a) 正面纸样试型　　　　　　　　　　(b) 背面纸样试型

(c) 样衣正面展示　　　　　　　　　　(d) 样衣背面展示

图3-50　服装款式纸样试型与样衣展示实例1

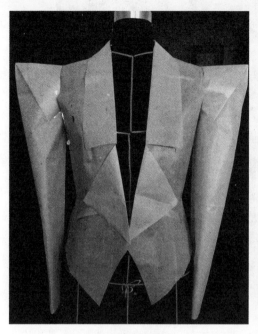

(a) 正面纸样试型

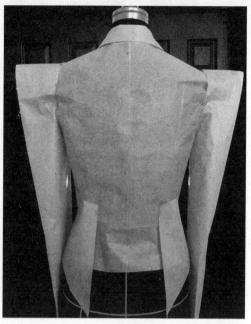

(b) 背面纸样试型

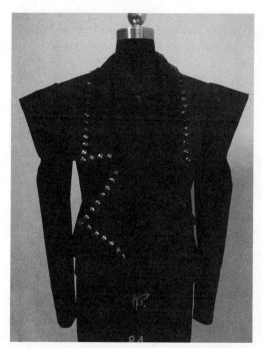

(c) 样衣正面展示

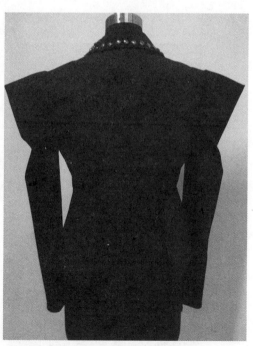

(d) 样衣背面展示

图3-51　服装款式纸样试型与样衣展示实例2

(a) 纸样试型　　　　　　　　　　　　　(b) 样衣成品展示

图3-52　服装款式纸样试型与样衣展示实例3

(a) 纸样试型　　　　　　　　　　　　　(b) 样衣成品展示

图3-53　服装款式纸样试型与样衣展示实例4
（梁军工作室包阔、杨丽设计制作）

第四章　创新设计综合实践

　　服装设计的发展过程，分别蕴涵着服装艺术形式创新和服装工艺技术创新两大体系，而服装设计创新并非都兼具功能性与实用性。设计创造活动可能从不同角度出发，如纯技术性创造或革新可能产生一种新的实用效应，但不一定具有艺术审美效果；概念性服装设计带给人们的是一种对社会的思考，可能并不具有实用性。通常意义所讲的服装设计创新，是指具有实用功能的设计创新。

　　创新设计具有综合性复杂的思维形式，它既需要形象思维，又需要抽象思维；既需要想象力，又不能脱离人体机能、制作工艺技术条件、流行趋势导向等方面的制约。因此，服装创新设计综合实践是对这些因素的全面掌控和应用。

一、创新设计的时尚性分析

　　随着社会经济的发展，人们的生活方式、生活质量逐渐提高，对绿色、环保、健康的追求以及后现代主义意识思潮的扩散使得为迎合人们新的生活方式而设计的服装不断应运而生。例如服装设计更加注重纯天然织物的运用，彩色生态棉的开发，对服用材料安全环保性能的检测等。服装设计中往往以概念性元素运用去引导服装的商品化设计，所显现出的是一种对传统观念经典美学标准的叛逆和突破性探索。服装设计中汲取波普、欧普、嬉皮、朋克、街头文化等特征，常以夸张或卡通的手法，寻求解构、诙谐、幽默的造型表现，如磨损、做旧、毛边、抽褶、夸张线迹、内衣外穿，等等。

　　当今的服饰文化是在多元文化并存共促中，以追求新奇的设计形成一次次的潮流涌动。

（一）服装流行趋势

　　服装的流行是一种社会现象。它反映了一定的历史时期人们对服装款式、色彩、面料及着装方式的崇尚和追求，并使这种局部的着装方式通过竞相模仿和传播而形成一种逐渐扩大的社会风潮。同时，服装的流行又浓缩了一定地域、一定时间内特有的服装审美倾向和服装文化面貌，更体现着这一历史时期内服装的生产、发展和衰亡的整个过程。对服装流行趋势的分析研究，不仅能够了解和揭示服装的流行规律，更有助于服装设计原创灵感的迸发。

1. 服装流行的文化性

服装流行是一种文化，服装设计就是创造并传达这一文化现象的载体。服装流行文化的发展是以服务于人们的生活、满足人们的需要、实现人性的愿望为前提，否则，不能吸引人们的参与，就难以广泛流行并无法维系自身的存在。而服装流行的文化性所关注的正是普通民众的炫美需要、心理诉求、趣味爱好、主体角色等，从根本上讲，服装流行的文化性，是将以人为本作为设计的初衷，以体现个人自身的生存方式和所有人的本质力量、自我炫耀为结果的设计创造。

然而，服装流行是一个极其复杂的过程，是对时代文明的理性认同。一个时期内的流行会成为社会群体广泛追求的目标。由于受不同地理环境、气候条件、风俗习惯、生活方式、宗教信仰等多方面的影响，不同地域人们的着装风格和流行程度是不尽相同的。从大体上说，生活水平高、生产力发达的地区接受流行的速度要快一些，对流行的执行力也更强一些。

巴黎时装是高品位、艺术化、精细奥妙的代表，它以高质高价、时尚款型、柔软质地、精良做工构成了巴黎的时装风格。

米兰时装流行别具一格，朝着不同方向发展，其鲜明的特征便是将高级时装平民化、成衣化。

伦敦时装更前卫，更能吸引特定顾客，他们打破了传统设计理念，将各种材料运用到服装中，并掀起新的着装方式。

日本服装融合了日本艺术与美国风格，巧妙地结合了古典传统与现代元素。日本服装不强调合体、曲线，宽松肥大的非构筑式设计取代了西方传统的构筑式窄衣结构，并对面料与人的关系做了新的阐释。他们把人体作为物体，将面料作为包装材料，从而创造出新的服装效果。

美国服装流行则与美国国民精神一样，讲究实用第一。在他们看来，巴黎高级时装过于贵族化，不适合美国消费者。纽约设计师设计出的服装轻松，讲究功能，打破年龄界限，并将运动服装提升到流行层次。他们对服装流行文化的认识是将流行落实到日常生活之中。

2. 服装流行的社会性

后工业时代的今天，人们面临全球变暖、生态环境恶化、经济危机等来自四面八方的压力和挑战。面临着巨大的社会和生存问题，人们通过审视作为人类的真正意义，试图找到解决问题的途径。而这些人们所关注的焦点问题，也以不同的方式成为时尚流行的理念，引发为理解人类需要和欲望的个性化表达趋势。

例如：以早期拓荒者、探险家为题材，以淤泥绿和泥浆黄的色彩表现野外生存坚强、执着的服装流行风格；创造性地运用后整理技术，将牛仔面料原有的靛蓝色做旧褪色，以保留色彩较深的线条来强调服装廓型和结构的流行趋势，能够引发人们突如其来的怀旧之情；强烈的色彩、满幅的图案、民俗元素、街头服装、20世纪60年代的图案风格、卡通和流行艺术、旅行者外观、包裹和层叠的廓型、灯笼裤和土耳其长衫，均是一个年轻还有些另类的流行趋势主题；街头风格与校园制服完美结合，并融入民俗元素，表现了随心所欲、自由搭配的流行现象；军旅风格的男性化外套保护着脆弱的里层服装，精致的内衣以强势的外套保护，表现一种极端合一的情境之美；影片《阿凡达》所营造出的奇幻景致在人们的心里构建起超现实世界的梦幻般的意境，薄透、轻盈、光洁、闪亮的面料在朦胧的效果中飘飘然，海底世界梦幻般的印花和水波般的流光溢彩为服装设计提供了新的灵感与流行元素。

3. 服装流行趋势的表达

服装流行趋势表达即为服装流行趋势预测提案。服装流行趋势预测应从服装流行的缘起、发展、兴旺、衰亡的规律到服装的典型范例以及卖场、销售报表、消费层面等方面掌握相关知识。流行预测不仅是猜想，还要分析更多的系统资料；不只是靠直觉，还需要更多的行销知识。国际上的服装流行趋势发布周期是一年两次。每一个流行预测周期是从方案公布算起，分别对流行色（提前18个月）、流行面料、流行款式（提前12个月）进行发布。

流行色的发布主要是由国际流行色委员会发布，国际流行色委员会是1962年由法国、德国、瑞士、日本等国的业内人士在巴黎组建的，其英文全称是：International Commission For Colour in Fashion And Textiles。作为预测和发布国际流行色的权威机构，定期的发布成为国际流行色的共享信息。中国流行色协会成立于1982年，于次年加入国际流行色委员会。该组织有中、法、德、英、意、荷、比、西、葡、奥、瑞、苏、匈、希、土、日、韩等成员国。国际流行色委员会每年在巴黎集会两次，分别发布秋冬季和春夏季流行色。此外，国际上还有其他研究流行色和发布流行色的专门机构，如国际色彩权威（International Colour Authority）、美国色彩协会（The Color Association of the United States）、美国棉花公司（Cotton Incorporated）、国际羊毛局（International Wool Secretariat）等。

国际流行色预测定案发布后，是相关行业材料，特别是织物流行面料向公众发布，最后是相关产品或服装流行款式同业内人士见面，这一过程要在流行周期到来之前12个月内完成。为了便于流行色的传播和提高其商业价值，流行色预测定案的一年两次发布，按男装、女装、休闲装三个系列分别制订。流行色的色卡通常按纸版、棉料、毛料等分别制作，在色卡下面有的还标出每个色卡的色名、编码、配方和工艺，为商家提供更便捷的服务。

国际流行色预测定案是在吸纳各国提案的基础上，经过会商研究形成的。当然，在世界范围内，用国际流行色预测完全取代各国的流行色是不可能的，各国都要有适合自己国家特点的预测定案。

近年来，对于发布的流行色卡、流行面料、流行款式，大多以回归自然、经典怀旧、民族性、高科技等为主题，从而形成了新的服装流行趋势精神内涵。

（二）服装流行趋势预测模拟

服装流行趋势预测，是对服装流行时尚风向、社会思潮理念、具有市场潜力的服装产品的分析，通过分析进而制作出较为科学准确、具有预见性的趋势方案。服装流行趋势预测模拟实训，能够使学生加深对服装流行趋势相关因素的认识，紧密把握时尚动向，有利于激发学生的原创设计意识。

1. 服装流行趋势的分析

服装流行趋势预测模拟，首先应对服装流行的相关因素进行分析。这些因素包括：最新的流行色彩预测及应用方法，最新流行的时装款式及最恰当的穿戴方式，最新流行的面料，解读激发流行创意的原因，通过分析过去的议题为预测主题提供各种信息，引经据典地说明各种流行趋势等方面。

（1）最新的流行色彩预测及应用方法

流行色的物理属性变化是以科学的色彩原理为基础的，但流行色的确定与提出常常涉及其他一些影响因素。每个人对流行色的模仿和追求，基本上是自由随意甚至是自发偶然地进行。就社会群体行为而言，流行色的立意传播，则是可以认识、可以预测、可以导向的。也就是说，流行色的立意是以社会心理变化的表达为依据，这些社会心理变化因素包括社会文化思潮、经济情况、生活环境、心理变化和消费动向等多个方面。

流行色从预测到流行，是一个"客观—主观—客观"的过程。发布预测不是过程的终结，只有经过客观实际检验后，这一预测周期才算完成。预测总是和误差并存，实际总是比预测更生动。

流行色的预测要广泛地运用社会学、经济学、心理学和统计学的方法，从包括社会观察、抽样调查、产品销售记录和灵感意识等方面进行。这样，对流行色的预测能够既有情感化的社会心理定性分析，又有消费意向指标的研究。西欧国家惯用直觉预测法，他们认为专家也是消费者，而且是知觉机敏的消费者，能够凭灵感和积累就捕捉到流行苗头，多年的事实也证明了他们的智慧和能力。日本更注重市场分析调查和统计，处理成千上万的调查数据，事实证明，这种预测法失误较少。这两种方法，一种侧重形象思维，一种倚重数理逻辑分析，而我国对流行色预测的做法是二者兼而有之，既有情感化的社会思潮表述，也有市场记录的量化指标的依据。

运用这两种方法，在一个流行周期结束后，可以从实际流行的色彩中发现新的信息，继而为下个时期的预测寻求和积累新意。如果再对较长时期的预测和实际流行色形成的轨迹进行分析，就能更清晰地发现流行色的走向，为预测流行色提供更为准确的依据。由于我国流行色协会成立比较晚，为研究流行色流行的变化情况，曾对20世纪80年代中期到90年代中期的国际流行色女装定案进行分析，其中包括色系分析：暖色系略高于冷色系，为55%：45%，明亮鲜艳色系较高，达到62%：38%；色相分析：不同明度、纯度的红、绿色系较高，深色的褐、棕、咖啡色比例特别高；色彩组合倾向分析：明度对比、色相对比基本上都是交叉出现；色调分析：柔和色流行时间长，鲜艳色流行时间短；色卡排列分析：纵横配色效果协调多样，色卡排列更为科学、艺术。

流行色应用是以色卡群直观地体现一个时期流行色的组合变化，色卡群大致含有时髦色、点缀色、基础色与常用色组。时髦色包括将要流行的始发色彩、正在流行的高潮色彩和即将过时的消退色彩；点缀色一般都比较鲜艳，而且往往是时髦色彩的补色；基础与常用色组以无彩色及各种色彩倾向的含灰色为主，兼有少量日常生活普遍应用的色彩。流行色的应用一般有以下一些方法。

①单色的选择与应用：指选用流行色组中任何一种单色单独使用，以此构成单纯的流行色调。

②单色分层次的组合应用：指在一种单色使用的基础上保持色相不变，而将这种单色变化深浅、灰艳几种层次后的组合应用。

③同色组各色的组合应用：这是一种邻近色构成，也是最能把握流行主色调的配色方法。在同色组内，取两个或两个以上的颜色灵活配合，可以构成既统一又丰富多变的色彩效果。除各色相配合外，还可以进一步变化各色相的明度和纯度关系，使两个以上的色彩变化出来的不同明度、不同纯度相配合，从而显得更加丰富多彩。

④各组色彩的穿插组合与应用：这是一种由多色构成，使用全部流行色彩来组合的一种最为普遍、也最容易见效果的方法，而各色组色彩的穿插是多色对比、统一、调和所要考虑的主要因素。一般来说，采用以一种色为主调，其他各组流行色有选择地穿插应用，是色彩变化最为丰富的方法，它既可以有中间色对比，又能出现对比色和补色对比，但各色间的面积以及形象的视觉中心位置需要得到妥善安排。

⑤流行色与常用色的组合应用：这种方法既能体现一定的流行性，又能为相对保守的人们所接受，可以引起更多消费者的共鸣，从而使流行色的范围得以扩展。这也是服饰流行色中最常用的组合方法。

⑥流行色与点缀色的组合应用：在色彩设计中，任何一组流行色的应用都不排除点缀色的加入，因为点缀色会影响整体的色调变化，活跃气氛、增加层次和起到画龙点睛的作用。点缀色可以使用色卡上的色，也可以是流行色谱以外的任何色彩。

⑦流行色的空间混合与空间混合生成流行色的应用：这种方法多体现在纺织材料或一些装饰材料色彩设计中。两种以上色彩的细小形象并置产生的新视觉色感，可以提供给消费者独特的视觉美感效果，而非流行色的两种或两种以上色彩以小面积分散色形相互交错并置，能够构成流行色色调。

⑧流行色的时代流行基调应用：每个时期都有一两种特定的流行色基调表现出时代特征。这些流行色基调，除色相倾向外，还有明度与纯度的不同要求，因而这种特定基调应用，要对明度、纯度等把握得当。

（2）流行时装款式及恰当的穿戴方式

这是由流行主题理念滋生出来的最新时装款式造型和着装搭配形式，在颜色、廓型、肌理等方面突出服装的最新流行趋势，同时要考虑融入大众、引导潮流的实际需求。穿戴方式涉及鞋袜、手袋、腰饰、手套、帽子、眼镜、首饰等，每一季流行都不是样样俱全，而是有侧重的几个种类，例如：2012/2013秋冬女装的时装款式分别由针织裁片修身廓型，夸张的镶拼、钩编、绞花工艺和漏针的网眼与肌理效果针织衫，蝴蝶结、圆肩长袖的合体上衣，飘逸、宽松、高开衩、包缠的连衣裙或结构新颖的膝上半裙、圆裙、钟形裙，皮革或仿金属材质显露腿型的半截短裤、紧身直筒裤和宽翻边裤、无袖自行车手服、弹力西服马甲、带有军装肩章的四贴袋西服及连帽夹克，气球形、钟形巨大斗篷和披肩式外套等组成；配饰分别由蛇皮、鳄鱼皮绗缝肌理以及金属、有机玻璃混搭的小尺寸箱包，朴实的方搭扣、细蝴蝶结腰带，全皮草或皮草装饰的硬挺宽檐帽，皮草、针织材料或毛皮与针织面料混搭、带有巨大流苏和边须的超大尺寸围巾等组成。

最新的时装款式造型和着装搭配形式将指导生产商在此原创的基础上，复制、仿制原创设计或进行借鉴设计，以推出各种符合不同消费层次的时装款式。这些时装款式设计风格与原创非常相像，是流行时尚走入市场消费层面的具体化和普及化。

（3）最新流行面料

主要是分析最新流行的纱线及面料的成分、光泽感、透光性、手感、色彩图案、肌理效果、视觉风格和面料尺寸的稳定性等，并依据不同的穿着场合指明面料应用的范围、服用性能。服装面料的风格变化基本是5~6年为一个周期。夏奈尔品牌发布的2010秋冬季设计作品，所用面料均具有极强的视觉与触觉肌理效果，体现了现代科技发展对面料织造所起的重要作用。而每款设计作品不同的面料肌理形态，则表现出服装粗犷风格中兼具质朴、优雅的审美特性，并且较贴切地表达出高速发展的现代社会，人们向往回归自然，追求纯朴、恬静生活的心态，如图4-1（a）所示。

长久以来，面料一直朝轻质化趋势发展，但如今潮流开始逆转，面料开始变得越来越紧密、结实，甚至是厚重、密实，常加以毡缩、煮练或轧花处理，面料不再流行那种华而不实的风格，足够的厚度能够营造出一层可靠的"外壳"，带来足够的安全感或强调夸张的体积感。

（4）解读激发流行创意原因

服装流行创意的起因是多方面的，随着现代社会科技的快速发展，各种文化、思想意识的交汇融合，如宇宙空间、网络信息、数码、生物工程、节能环保、原始生态、传统与现代艺术、民族文化、科幻概念等方方面面都为服装流行创意提供了丰富的灵感源泉，使各种意识理念下的创意设计源源不断。如借助抽象艺术、画家的画室、街头涂鸦、先进的印花技术、生态环境中寻找的灵感，依托现代科学技术强大力量实现服装材料生产的可能性，激发出现代数码技术引发的流行面料水滴、泼溅、污迹、调色刀外观的泼漆性主题创意，树脂涂层、沥青光泽、扎染、水洗做旧、随意的后整理和强烈的破败感的主题创意，斑驳的大理石色彩、细胞状结构印花、仿自然褪色、揉皱新工艺处理等仿原始生态主题创意，利用废旧材料、可乐瓶的新型可循环环保材质（Eco Circle）以及金属、聚氨酯纤维、陶瓷纤维、光滑棉纤维、光滑合成纤维以及纳米技术处理的防水、防油污、透气、无毒性的面料的环保主题创意等，如图4-1（b）所示。

以上主题在给人们一种惊愕、与生活常理相悖的新鲜刺激与震撼感之余，不由得使人

(a)

(b)

图4-1 最新流行面料

感叹后工业时代人们正在逐步崇尚无序化的"混乱美"。服装流行正是利用各种意识理念和科学技术创造出更为新奇的时尚主题。

（5）分析过去议题，为预测主题提供各种信息

每当一种流行现象从兴起到衰落，都是由相关的社会背景构成，流行与时代息息相关。滋生服装流行因素的是娱乐、政治、科学、气候、环境、民族、地域、经济趋势等，包括人口类型的转移、人口统计上的变化、人们生活方式的变化等都会影响服装流行的演变。

预测主题要始终关注人们所关心的议题，要紧密结合当前与未来服装设计领域发展的潮流以及各学科领域相互渗透、相互联系的关系。例如："情迷丛林""岛屿幻想""逝去的美好""惬意假期"等主题，是源于现代工业社会的高速发展，资源大量消耗，环境被破坏、被污染，城市高楼林立，生活的快节奏，种种因素使人们的心情受到压抑，一种对社会、对环境、对人类生活的反思以及对释放心境、回归自然、放慢节奏、享受生活的思绪得以蔓延，使得这些怀旧、向往自然的主题成为时尚风向。其时装款式包括变形的部落图案、小碎花与动物图案，落日景象印花丝绸面料混合亚麻、棉帆布及褪色的日晒色调做旧的牛仔布与草帽，复古半身裙、20世纪50年代的少女牛仔裤、激光印花和新水洗工艺迷彩牛仔等。而在世界性经济危机、领土纠纷、局部战争的大背景下，"抗议"的主题反映出人们走上街头奔走呼吁的情景，使气氛紧张的战斗风味再次复兴。其时装款式主要包括防毒面具（Gas Mask）、巴拉克拉法帽（Balaclava）等个性配饰，些许20世纪60年代的嬉皮经典风也融入其中，将反战争贴片、纽扣以及和平标语添加到服装廓型中。另外，选择一种标志，改成截然相反的元素运用，将军装与奇特的未来风格元素混合在一起，以经典的后现代风格凸显出别样风采。

2. 流行趋势调研

服装的流行是一种社会文化现象，它既有社会的普遍性，又有相应的地域性。服装的流行趋势调研，就是选择有代表性的城市，对服装卖场、繁华商业区、街巷行人的穿着装扮通过考察、走访、街头摄影捕捉、问卷及文摘图片收集、网络资料收集、面料收集分类等方式进行调查研究，以了解服装流行趋势的整体状况，发现新的时尚苗头，这些均可以在课堂和社会交叉完成。但在院校专业教学中由于受财力、物力所限，服装流行趋势调研往往只能在本地域进行，分析本地域服装流行与国际流行的时尚及国内流行主流的差异性，从而获取相关信息，并通过网络流行时尚信息的比对，归纳提炼服装流行的时尚元素，以模拟方式制作服装流行趋势方案。服装流行趋势调研主要包括：服装风格、廓型、面料、色彩、款式构成关系、结构、工艺、局部细节（如领口、袖子、腰线、裙摆、口袋、腰带、绣花、缝褶、纽扣、缝饰、垫肩、折边、蝴蝶结等）。所有这些方面的调研资料都要与以往本地域流行情况及网络信息进行分析比对，才能感受到这些要素的时尚流行变化情况。

3. 流行预测方案表现

服装流行预测方案是服装流行趋势预测模拟的直接表达形式，对服装流行趋势相关要素的分析将会呈现在方案册中。因此，当主题选定以后，首先应考虑的是调研收集到的与主题相关的资料信息。例如，各种文字、色彩、面料、图片等参考资料，通过关联的资料去感受体验与联想，打开思路探索新的设计理念。同时可以按照自己独立的思考方式整理模块化；把不完整的观点，零散的想法系统化；以图文并茂及其实物纱线、面料小样或面料再造的形式完美地表达出所构想的状况，从而揭示新的流行现象和流行元素，使虚拟设想变为现实。

流行预测方案表现，主要应包括背景描述、主题选择与陈述、灵感图、流行色卡群（色彩流行趋势）、款式趋势引导图、面料与图案趋势引导图、配饰趋势引导图、设计效果图、款式图，等等。

（1）背景描述

服装流行趋势预测模拟的背景描述，是以简要的文字对流行趋势产生的社会政治、经济、文化背景的综合概述，尤其是由此形成的人们的意识理念和生活方式，要避免空泛肤浅，可以从一些与人类生活密切相关的科技、文化、生活方式等方面选择方案主题进行背景描述。如以航天科技理念为背景的描述：中国载人航天技术的飞速发展，再次掀起人们探索太空的热情，宇宙的神秘黑暗、太空的冰晶仙境、月光下的衍射光感，激发出各种光怪陆离的虚幻、荒诞的喧杂、黄昏的优雅、霜雪与透明气化等设计灵感。

（2）主题选择与陈述

主题的选择，一是要注重创新性，充分发挥想象力，使主题给人以全新超前的感受，看上去有一种"新、奇、特"的感觉，不能泛泛无味，而应醒目，要能使人们对这一主题产生浓厚的兴趣。在现代服装设计领域，一些传统的主题已经无法跟上时尚演变的研究进程，也不适应设计技术与经济相互结合的交差性学科特点。例如"自然""永恒"主题似乎很好，但却显得平淡，缺乏新颖和时尚感。主题的创新应是产生引领时尚流行方案的关键所在，如《素食者的菜园》、《魅惑的小蛮腰》、《惬意假期》、《暗夜流光》等，时尚流行周期中每一周期都有超前的创新点。二是流行趋势主题应具有实用性，具有实用意义的流行趋势主题是审定选题的重要因素之一。主题是否实用、是否贴合实际直接关系到流行趋势方案的价值。优秀的流行趋势能够引导社会时尚理念，指导未来服装的设计实践。

主题是以构思超前、定位准确、设计理念独特、切合需求、深入消费者心里、奠定未来引领地位为准则。主题陈述往往依据服装款式、色彩、面料等特征来描述。如《迷情丛林》的主题描述：变形的部落图腾和小碎花及水蟒、天堂鸟等一些动物图案极具视觉效果，使夏季男装变得生机勃勃。印花针织T恤、丝绵衬衫便服的上下装或配饰，都成为展现这个故事的舞台，而烟草棕色和叶绿色更凸显出了系列服装的主体色调。

（3）灵感图

灵感图是表达方案主题的一种意向性图示，它能够直观地揭示出主题意境和色彩氛围。灵感图要结合文字表述主题灵感的源泉。如图4-2（a）所示，《朦胧的霞光》主题灵感图描述"如空气般纯净的色彩，这对于灰色的超现实感是重要的，犹如灯光对于城市的夜空，淡淡的、流淌的、化开的、弥漫的、轻灵的、幻想的，等等"；如图4-2（b）所示，《冬日草地》主题灵感图描述"冬天城市薄雾中枯黄的公共绿地，略带潮湿的草地的色彩和一些落叶的色彩，自然感的色调，有着轻微金属色感的优美的灰色，柔和的、亲切的、优雅的、自然随意的效果"。

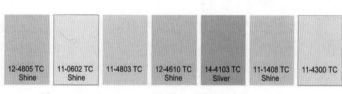

(a) 朦胧的霞光

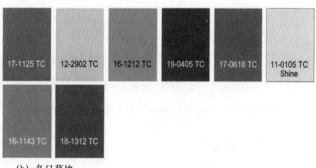

(b) 冬日草地

图4-2　主题灵感图

（4）流行色卡群

流行色卡群是根据主题灵感图归纳提炼的色调，并按冷暖明暗排出系列色谱。色卡群可用简练的文字直接对其进行诠释，也可结合灵感图作总体概述，色卡提炼要力求表现出主题灵感图的意境。流行色卡群还可独立为流行色趋势方案设置多个色彩趋势主题和色谱。

色彩是唯一不影响价格，却能有效增强视觉效果的因素。流行色不同于传统色，也有别于超前色，新推出的流行色要能被多数人理解和接受，要力求做到新而不怪。另外，对色彩自身存在的规律要特别注意，诸如在色彩变化走向、色彩组合比例、色彩排列程序等方面，都要考虑色彩自身规律的制约，做到若即若离地遵循色彩规律。虽然色彩原理有其科学的基础，但色彩的选择常常会涉及其他因素，其中心理学因素在如何选择适当色彩方面起着至关重要的作用。在流行预测方案中，可分别针对男装、女装的未来趋势分析，选定系列色彩，每一类系列色彩至少由7个色彩组成，其中有主色和配色，可为每一色命名，以寓意出流行色的意境。

英国出版的 *International Colour Authority* 是国际流行色权威机构每年提前21个月预测的国际流行色，是时装界公认的色彩指南。日本出版的《流行色预测》，通常是在对欧洲、美国和其他地区的时装色彩分析的基础上，对下一年度国际女装和男装的流行趋势，分别用纤维、纱线和纯棉织物来对色彩进行直观的反映。在我国由中国流行色协会出版的《流行色》、中国纺织信息中心出版的《流行趋势》，均是流行色预测和揭示流行色变化动向的刊物，其中有男装、女装、运动装流行色。法国出版的《高级时装设计手册》、意大利出版的《趋势预测与市场分析》等，均为该领域的优秀范例。

（5）款式趋势引导图

趋势方案制作中，选择运用服装流行趋势中具有超前意识和潜力价值苗头的服装图例，作为方案设计中新的流行趋势引导提示。流行趋势预测方案制作中，款式趋势引导图不宜过多，而是要具有典型性。

（6）面料与图案趋势引导图

趋势方案制作中，选择运用流行面料中最具时尚性潜力和应用价值的面料实物及图例，作为方案设计中新的流行趋势引导提示。面料趋势引导图要分组归类，要具有几种风格类别的代表性特征。

（7）配饰趋势引导图

趋势方案制作中，选择运用流行配饰中最具时尚性潜力和应用价值的配饰图例，作为方案设计中新的流行趋势引导提示。配饰趋势引导图可分为箱包、鞋帽、手套、眼镜、围巾及其他相关饰品，同样要具有几种风格类别的代表性特征。

二、课题方案设计

课题方案设计应由两部分组成，一部分是流行趋势预测分析，它是整个课题设计方案的主导，是借以确定设计主题具体款式造型、色彩、面料、配饰等设计的预想。另一部分是具体的课题设计效果图、款式图、结构制图、纸样/坯布试型、工艺制作细节说明等一系列设计任务的实施过程。方案设计任务可从个人、企业、赛事课题或教学拟定课题中确定。教学拟定课题可从服装的风格类别中选择，如正装风格、休闲风格、礼服风格、民族民俗风格、多元文化风格、新古典主义风格等。

（一）课题方案的构成要素

课题方案是服装设计预想与设计实施的总体文案册，它包括设计理念、流行信息和各设计环节等相关要素。进行服装课题方案设计制作，可训练学生对服装设计意识、设计思路的整体把握，培养学生从服饰文化及设计理念的源头上探索对服装设计的系统性原创意识，避免学生对服装设计存在的"知其然，不知其所以然"的现象。同时，各设计环节在方案中的体现，有助于学生对企业生产设计任务书的认识和了解。另外，制作课题方案册也是一项具体的平面设计活动，能够提升学生的版式设计水平，熟练电脑绘画、制图软件的运用能力。

1. 流行趋势分析

课题方案册中的流行趋势分析，是指将前面讲到的"服装流行趋势预测模拟"所进行的服装流行趋势分析，作为课题方案设计中流行趋势分析的内容。在课题方案设计中对服装流行趋势分析的篇幅不宜过多，要简洁明了、主题突出，以2～3个页面表述为好（参见各类风格的服装课题设计方案实例）。

2. 款式造型设计效果图、款式图

课题方案中的款式造型应为原创设计，因而设计中对服装流行趋势及其文化内涵的分析尤为重要。从服装流行趋势方案发布的形式来讲，可分为男装、女装或男装女装都有的几种方案形式，款式造型设计按不同形式分别提供男装、女装或男女装共存的服装款式造型系列，并且还应有几种类型的服装款式，以迎合不同消费群的需求。例如，时尚前卫风格类系列、经典奢华风格类系列或是休闲运动风格类系列等。但对于教学训练，一套方案中的款式造型设计数量可简略些。

课题方案中的服装款式造型表现，往往是以代表性效果图和款式图来体现。效果图绘画应避免过分夸张和极度艺术化，要与社会生产需要相关联，让观者能够较明确感知服装设计效果的完整性和比例形态。

3. 结构制图与试型

服装结构制图与试型是课题方案中的一项重要内容，服装款式造型设计要靠结构来实现，它直接影响着服装的外观形态。结构设计制图是用数理性逻辑关系描绘出美丽，它可以把设计思想精确到每一毫米，因此，服装结构制图所表达的服装板型往往被赋予了很多人文内涵。服装结构设计制图要恰到好处地体现设计意图，要想让服装能够展现设计中的灵性想象，就要通过纸样、坯布在人台上立体试型以进行检验与修正，使设计意识从平面预想转化为立体直观的最佳形态，然后将其固化为结构制图板型，最终通过计算机软件辅

助将其按比例复制形成方案设计中的文档。

服装结构制图与试型的要素内容，应有服装设计结构制图的号型规格及相关尺寸，同时要注意原型应用结构图绘制的规范性，可参见图4-16（d）、图4-31（e）（f）。

4. 局部设计细节说明

服装局部设计细节说明也是课题方案制作中不应忽略的一项，服装局部设计细节往往是最具创新性的元素运用，也最能体现服装的时尚亮点和特色。服装局部设计细节说明通常是将绘制的局部细节放大，同时辅以文字对其形态、结构、工艺手段等进行说明，可参见图4-8（e）。

（二）各类风格服装课题方案设计

各类服装风格的课题方案设计，是进一步针对各类风格服装课题进行的具体设计，这其中当然也包括时尚趋势分析、设计效果图及款式图绘制、服装结构设计制板、纸样及坯布试型、工艺手段运用说明等。通过对具体风格服装课题设计任务的实训，一方面能够训练学生对某一种风格类别的原创性思想进行深入研究；另一方面由于课题方案设计中一些相关内容比较接近企业的生产设计文件，使学生对服装设计公司和服装企业设计生产的程序环节形成初步的印象感知。

1. 正装、礼服风格课题方案设计

所谓"正装""礼服"，就是指正式的公务、社交、礼仪性场合的装束，而非娱乐和居家环境的装束。其实，"正装"是对公务、社交、礼仪性场合着装的总体称谓。由于现代社会公务交往、职业场所的扩展，使正装赋予了现代社会快捷高效的时代性，正装已不仅仅是公务场合和礼仪性场合穿着的服装，它已成为当今职业阶层穿着最广泛的服装。职业正装融合了严谨风格的合体廓型与挺括外观，经典风格的雅致、讲究穿衣品质，传统风格不为时尚左右等特征。而礼仪正装随着现代社会文化的发展需要，也逐步由一些传统的礼服演绎固化为几个大的服装品类，并以此形成一些常用礼服的款式形制。正装、礼服风格的服装设计，可以说从工业成衣到高级成衣、再到高级时装都有其自身的影子，只是不同层次类别的正装、礼服均代表了不同的服装品质。

（1）正装、礼服风格文化内涵

对于"正装"概念，中国人一直以为西装就是正装，穿着西装打着领带，就是正式装扮了。其实不然，西装领带在标准的西方习惯中并非正装。欧洲传统的正装，是指一直没有多大变化的晨礼服、小晚礼服、大晚礼服，这几种正装，是中上阶层人士所遵循的标准。由于传统的礼服正装都以晚间为穿着时间，而白天穿着的晨礼服又过长而不便利，由此就衍生了半正式的礼服，衣着方式介于晨礼服和晚礼服之间，基本上是白天穿着居多，并且融入了一些现代的元素，成为正装常礼服，也就是我们所说的"西服"。这在欧洲社交聚会中被称为"Informal"，中文含义是"不拘礼节的"，即穿西装、打领带。

由于我国的服装是随着推翻封建社会学习西方的产物，没有礼服体系形制的演化过

程，因此西服也就成为我们国人最通用的正装。

在20世纪80年代以前的西方小说和文章中，我们经常可以看到某某先生"衣着考究"这样的描述。这是由于平民文化还没有今天那么盛行，许多作品以中上阶层的人物为主要角色，剪裁得体的西服外套、优雅的衬衫、精美的饰物，与场合相协调的着装方式，几乎是这个阶层的标志。今天，这类表述虽然比较少见了，但西方拥有大量财富的世袭贵族阶层仍然存在，只是他们远比以前低调，着装依然正式和讲究。另外，由新企业主、高级经理人构成的精英阶层，日常工作中也以半正装的常礼服着装方式来适应社会交际和各种场合的需要，某种意义上，正装或常礼服已经成为阶层着装的区分方式。

正装、常礼服的着装方式并非特别死板。一般而言，礼仪正装西装外套除了质料和剪裁比较讲究之外，最重要的就是必须含有几个礼仪性的元素。如使用领带，应内着显得正式的法式衬衫，要用袖扣和西装上袋丝帕这些装饰品；使用领结或领花的，可使用翼领衬衫来搭配。礼仪正装和常礼服的转换，关键还是西装以外的配套服饰，一般西服正装用衬衫、袖扣、领带就可以达标。如果想转变为礼服正装，服装的款式形制、衬衫、领饰等往往都要更换。常礼服西装的穿着，通常来说是企业中高级管理人员、企业主、政府中高级官员及其他人员日常交际的需要，适用于应对各种可能出现的正式、半正式和非正式场合。当然，如果需要参加重大活动或非常隆重的礼仪场合，仅是着西服正装可能还不够，也许还是着礼服正装才更为适合。

在中国，着装礼仪虽然没有那么复杂，但高级职业阶层应时刻备好领带、丝帕，以便应对可能出现的各种场合。国内某些男装品牌推出所谓的"商务休闲"概念，主要是使用夹克或T恤作为商务着装，这其实是不符合国际商务规则的。商务场合最休闲的穿法，也必须是"Informal"，即西装革履。如果你是一名高级职员，最保险的做法是着西服正装。

礼仪性正装在西方传统礼服中包括晨礼服、晚礼服、婚礼服、午后礼服、准礼服（小礼服）、葬礼服等。随着社会文明的发展和快节奏生活方式的需要，这些传统礼服种类正在被简化，只有晚礼服、婚礼服、小礼服还受到人们应有的重视，但它们在继承传统的同时也融合了许多现代元素。

（2）正装、礼服风格设计特征

①男士正装、礼服风格的主要特征

男士正装在此是指日常西服套装，其特征表现为以下五个方面。

三色原则：指身上着装的色系不应超过3种，很接近的色彩视为同一种。三色原则是在国外经典商务礼仪规范中被强调的，国内著名的礼仪专家也多次强调过这一原则。

有领原则：指正装必须是有领的。无领的服装，如T恤、运动衫一类不能视为正装。男士正装中的领通常体现为翻驳领和有领衬衫。

纽扣原则：绝大多数情况下，正装应当是纽扣式的服装，拉链服装通常不能称为正装，某些比较庄重的夹克事实上也不能称为正装。

皮带原则：男士的长裤必须是系皮带的，而长裤必须是挺括的西裤，通过弹性松紧穿着的运动裤不能称为正装，牛仔裤自然也不是正装。

皮鞋原则：正装离不开皮鞋，运动鞋和布鞋、拖鞋是不能搭配正装的。最为经典的正装皮鞋应是系带式的，不过随着社会的发展和时尚潮流的改变，方便、实用的无带皮鞋也逐渐成为主流。

从以上男士正装的穿着原则来看，最具代表性的男士职业性正装，是我们常常在白领们身上看到的"衬衫+西服+领带+西裤+皮鞋"，实际上，在夏天只穿着衬衫配西裤也是正装的体现，立领的中山装虽然带有中国传统服装的特色，但其衣身属西装结构，因而也属于正装范畴，如图4-3（a）（b）所示。

男士礼服特征，是由男装礼服各自的类别所体现。西方传统男装礼服有日间礼服、晚礼服之分，日间礼服包括晨礼服、日间准礼服，传统的男士晨礼服是男士白天正式场合穿着的大礼服，与燕尾服级别相同，始于1876年，盛行于1898年，为当时英国绅士赛马时的装束，亦称"乘马服"。男士晨礼服的基本特征为前身裁成大幅后斜圆摆的黑色长外套，配以灰色背心、黑底灰条纹礼服裤，打黑白相间斜纹领带或银灰织纹领带，佩戴白色或灰色手套，适合结婚、隆重庆典、迎接国宾等场合穿着，如图4-3（c）所示。

传统的男士晚礼服分为燕尾服、半正式晚礼服（准礼服），也有日夜通用的简便礼服——黑色西装。燕尾服是晚间最正式、隆重的大礼服，基本款式特征为黑色上装外套后面长摆呈燕尾状，丝光缎面的领子，裤管两侧必须加两条与领子相同质料的丝缎饰带，中间穿白色礼服背心（现代时尚感较强的也有衬衫加围腰的搭配方式），打白色领结，黑色漆皮亮光皮鞋。传统男士晚礼服已成固定型，由领结、衬衫、燕尾服和长裤组成，除面料和局部造型有细小变化外，没有其他变动，如图4-3（d）所示。

现代社会的发展，男士礼仪性西服套装式正装正逐步取代传统的男士礼服，这类西装整体造型挺拔、和体、肩部加宽、腰部收紧。色彩基本为黑色，面料为精纺呢绒，局部可镶拼缎面织物，表现出豪华、庄重的特征。西装配领带与西装丝光缎面领子配领结在礼仪性特征上有所差别，前者适合一些简化、平常的礼仪场所，而后者则适合较盛大、豪华的礼仪活动，如图4-3（e）（f）所示。

②女士正装、礼服风格的主要特征

女士正装主要有西装套裙、两件套裙、连衣裙等，在这三种类型中，每一种着装都要考虑其颜色和面料。而西服套裙是女性的标准职业着装，可塑造出强有力的形象，如图4-4所示。单排扣西装套裙上衣可以不系扣，显得洒脱、干练，而双排扣西装套裙上衣则应一直系着。套裙分为上衣、裙子同色同料与上衣、裙子有色、料差异的两种形式。另外，穿单色的套裙会使身材显得瘦高些。

在颜色的选择上，职业套裙的最佳颜色是黑色、藏青色、灰褐色、灰色和暗红色，精致的方格、印花和条纹也可以。而红色、黄色或淡紫色的两件套裙要慎用，因为它们的颜色过于抢眼。

在整体搭配方面，衬衫的颜色可以是多种多样，只要与套装相匹配就可以。白色、黄

(a) 西服   (b) 中山服

(c) 具有时代性变化的晨礼服   (d) 燕尾服

(e) 礼仪性西装   (f) 便礼服

图4-3 男士正装和礼服

图4-4　女士正装

白色和米色与大多数套装都能搭配。丝绸是最好的衬衫面料，纯棉衬衫面料要保证熨烫平整。选择围巾要注意颜色中应包含有套裙颜色，围巾选择丝绸质地的为最佳，因为其他质地的围巾打结或系起来往往不如丝绸质地的围巾效果好。正装裙子应当配长筒丝袜或连裤袜，以肉色、黑色最为常用，肉色长筒丝袜配长裙、旗袍较为得体。不要穿带图案的袜子，这会使它们惹人注意你的腿部，而且袜口不能露在裙摆外边。传统样式的皮鞋是最好的职业用鞋，穿着舒适，美观大方，鞋跟高度以3～4cm为宜。正式场合不宜穿凉鞋、后跟用带系住的女鞋或露脚趾的鞋。鞋的颜色以黑色、藏青色、暗红色、灰色或灰褐色为主，与衣服下摆一致或再深一些为宜。衣服从下摆开始到鞋的颜色一致，可以使大多数人显得高挑些，如果鞋是另一种颜色，人们的目光就会被吸引到脚上。切忌穿红色、粉红色、玫瑰红色和黄色的鞋，即使在夏天，穿白鞋也带有社交而非职业性意义。

女士礼服有大礼服、小礼服之分，大礼服通常指晚礼服，晚礼服是最能展现设计师艺术才华的服装类别之一。晚礼服一般是晚上8点以后穿用的正式礼服，是女士礼服中最高档次、最具特色、能够充分展示个性魅力的礼服样式。晚礼服包括夜礼服、晚宴服、舞会服、仪式服等，常与披肩、外套、斗篷之类的衣物相配，与华美的装饰手套等共同构成整体装束效果。影视明星出席发片仪式、颁奖典礼等穿的"红毯礼服"就属仪式服。女士晚礼服面貌风格各异，内涵极为丰富，设计时而讲究主题，时而讲究形式。比较传统的晚礼服注重腰部以上的设计，或袒露或重叠，或装饰或绣花，腰部以下多为曳地长裙，体积夸张。比较现代的晚礼服的设计亮点设置随意，暴露部位多飘忽不定，线形简洁，结构精致，色彩艳而不俗，面料以质地上乘的丝绸、塔夫绸、纱绡、丝光面料、闪光缎等为主。高档晚礼服通常是因人而异单独设计的。配饰可选择天然或人造珍珠、蓝宝石、祖母绿、钻石等（图4-5）。

图4-5　女士大礼服

　　女士婚礼服外轮廓以"X"型居多，上身贴体胸部微袒或不袒，有的袖山高耸宽大，下身长及地面，裙摆夸张，配以头纱和手套，面料多以白色高档丝绸和纱绢为主。设计变化可吸收晚礼服的特点，采用大量花边和刺绣做装饰，层层叠叠，在圣洁中显露华贵之气。富有个性的婚纱甚至采用超短连衣裙的造型，配合大量轻纱、花边和亮片，透出崇尚个性、时尚的时代气息，如图4-6所示。

图4-6　婚礼服

　　女士小礼服一般是傍晚时分穿用的礼服，也称为"准礼服"。比起豪华气派的晚礼服，这种服装更注重场合、气氛的相对简化。当今女士小礼服在现代社会中因适用场合较多，应用较为普遍。

　　女士小礼服裙长一般在膝盖上下，随流行而定，既可以是一件式连衣裙也可以是两件式、三件式服装，如图4-7所示。面料往往采用天然的真丝绸、锦缎、合成纤维及一些新的高科技材料，而素色、有底纹、小型花纹的面料也时常被选用。小礼服饰品多为珍珠项链、耳钉或垂吊式耳环，项链三串以上为较正式场合使用；手拿式皮包为漆皮、软革，造型简洁；鞋的装饰性很强，可以选择鲜艳颜色，也可以裸露部分脚面，略带光泽感的鞋款更显正式。

　　③课题方案设计制作与表现

　　课题方案的设计制作与表现，是针对正装、礼服风格服装的文化内涵与特征分析进行相关课题的总体设计。根据前面讲过的课题方案设计所涉及的相关内容，进行课题设计要从流行资讯、市场调研、网络素材收集等方方面面进行分析、比较、提炼，使其对该课题内涵的理解逐渐清晰，由此形成具有原创启示的设计理念。而在课题方案设计制作与表现中，对市场调研、流行资讯的提炼、归纳，就是课题方案设计中体现的流行趋势分析的内容；由此产生的设计想法即表现为设计效果图和款式图。至此，体现课题设计创作思想的主体方案就初步形成了。其他服装结构制图、纸样坯布试型等，都是围绕方案主体和方案设想实施所做的可行性技术分析与展开。

图4-7　女士小礼服

　　图4-8、图4-9所示均为学生制作的礼服风格服装课题设计方案实例，方案设计主题内容明确，方案中各项内容较全面、完整。图4-8（a）（b）（d）、图4-9（a）（b）分别为流行趋势分析，表现了主题流行趋势下的色彩趋势、款式趋势、面料趋势和配件趋势；图4-8（c）、图4-9（c）分别为设计效果图和款式图；图4-8（e）、图4-9（d）分别为款式结构图；图4-8（f）、图4-9（e）分别为成衣展示图例。不过，图4-8（d）中的配饰流行趋势分析页面与纸样试型图片在一起显得缺少些逻辑上的秩序性；图4-9（d）中的结构图绘制没有尺寸数据标注显得不够严谨。

2. 休闲风格课题方案设计

休闲风格服装是指在休闲场合穿着的服装。所谓"休闲场合"，就是人们在公务、工作之外，置身于闲暇地点进行休闲活动的时间与空间，如居家、健身、娱乐、逛街、旅游等都属于休闲活动。休闲风格服装设计，表达的是人们处于不同休闲活动环境、场所的舒适、方便、自然与无拘无束，同时，更多的是要传递出人们的一种生活态度和生活方式。

（1）休闲风格文化内涵

休闲装概念产生于20世纪80年代的西方发达国家，现代工业社会的高速发展，资源的

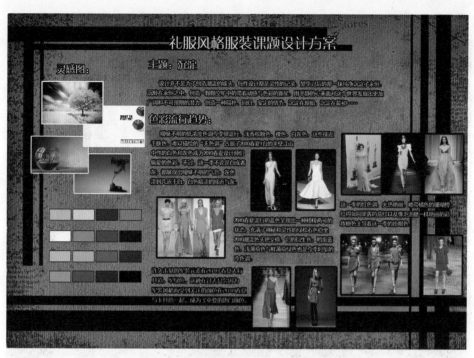

(a) 流行趋势分析——主题、色彩与灵感图

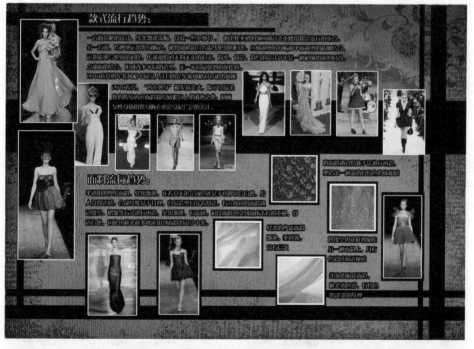

(b) 流行趋势分析——款式与面料

图4-8

(c) 效果图与款式图

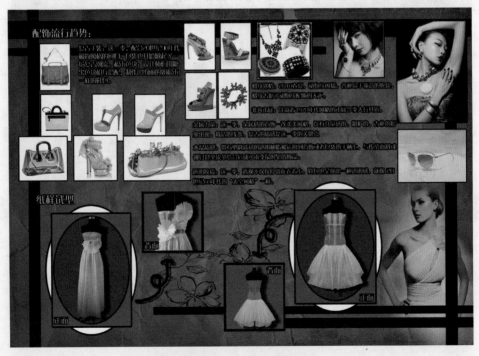

(d) 配饰流行趋势分析与纸样试型

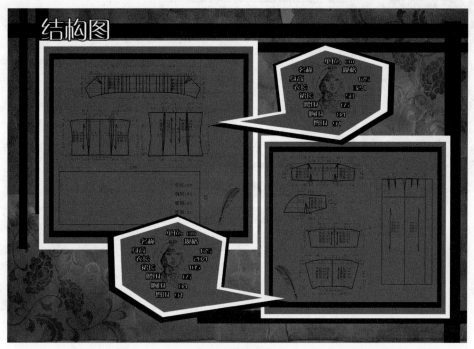

（e）结构图

（f）成衣展示

图4-8　礼服风格服装课题设计方案实例1
（梁军工作室张悦婷设计）

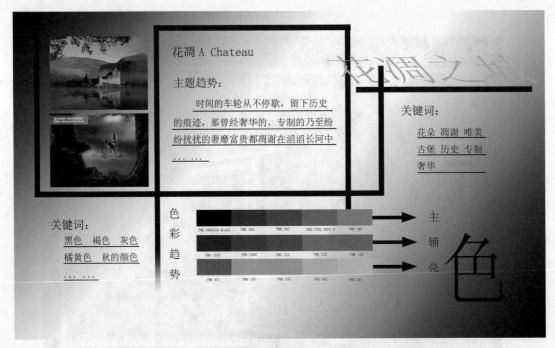

(a) 流行趋势分析主题、色彩与灵感图

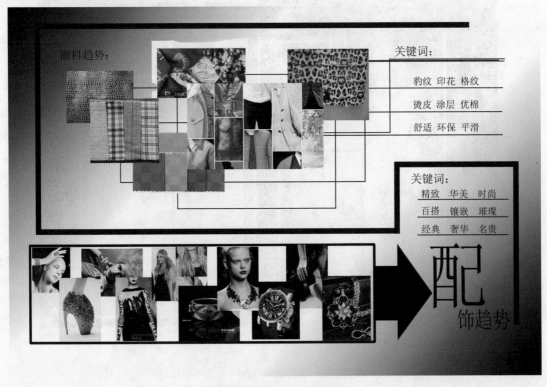

(b) 流行趋势分析——面料与配饰

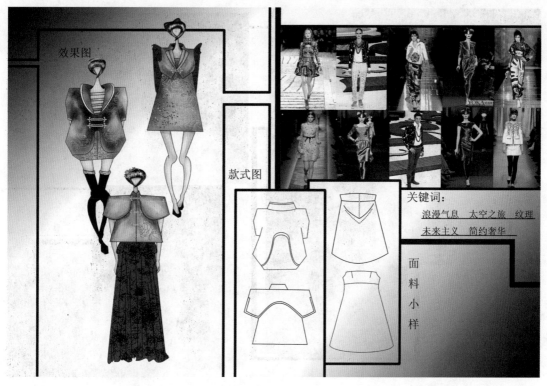

（c）效果图与款式图

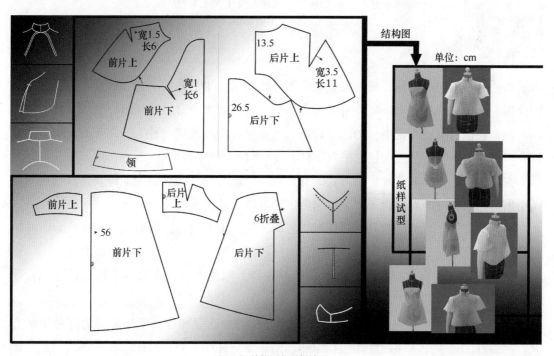

（d）结构图与纸样试型

图4-9

(e) 成衣展示

图4-9 礼服风格服装课题设计方案实例2
（梁军工作室王芳晶设计）

大量消耗，环境的被破坏、被污染，城市的高楼林立，生活的快节奏，都使人们的心境受到压抑。一种对社会、对环境、对人类生活的反思，寻求身心的松弛与心境的释放，使回归自然、放慢节奏、享受生活的思绪得以迅速蔓延，由此形成一种工作之外的新的生活方式——休闲。这种生活方式包含了衣、食、住、行等方方面面。

在吃的方面，体现这种生活方式的有家人、朋友、同事的林荫绿地野餐，乡村风味菜馆小酌，绿色生态园餐饮娱乐，关注绿色生态健康食品，等等。

在住的方面，人们喜欢到乡村别墅、林间木屋的度假村、露营帐篷休闲小住，听蛙叫蝉鸣，看月色繁星，即使是闹市中的楼房也以底楼花园、楼顶阳台成为热销卖点。

在行的方面，有自行车远近郊游、徒步旅游，以及现在正在风靡盛行的机动车自驾游，还有房车即行即住游，等等。

在衣的方面，则最具生活时尚理念的代表性。为适应和进一步拓展创造这种生活方式，从服装的品类中派生演绎出包括家居休闲、生活休闲、乡村休闲、运动休闲、旅游休闲、时尚休闲、商务休闲等各种类别的休闲风格服装。而社会科技的发展和技术的进步，又为纺织材料新产品的开发提供了更多的可能，各种以表达相关生活理念的织物层出不穷。对于现今休闲风格服装的设计，已不仅仅局限于服装的款式造型上，服装的面料风格与材质特征在服装设计中发挥着越来越重要的作用。

（2）休闲风格设计特征

由于休闲生活方式的产生，使人们能够以此更进一步创造和拓展相关的生活环境和生活空间，服装也随之变得更为丰富多彩。与之相适应的休闲风格服装也随之细化为各种休闲类别。

生活休闲风格服装是休闲装比较笼统的一个大类别，由于它覆盖面宽，穿着广泛，是大多数人喜爱的日常穿着。生活休闲风格服装的款式造型与结构线形自然，弧线较多，外轮廓简洁，零部件少且衣身块面感强，注重材质与层次的搭配，穿着给人以轻松自然的惬意感。生活休闲风格服装具有的随意搭配性，使男式西服也可做成生活休闲装，称为休闲西服。例如面料选用小格子薄呢、灯芯绒、亚麻、卡丹绒等，式样大多为不收腰身的宽松式，后背不开衩，有的肘部打补丁，有的采用小木纹纽扣等。正规的西装如果内穿T恤、花格衬衫、牛仔布衬衫、半高领羊毛衫，或西服上装配牛仔裤，又或是灯芯绒休闲西服配正规西裤，如此一来，不同面料、不同颜色的西服上、下装组合也能穿出休闲味来，如图4-10所示。

图4-10　生活休闲服装

运动休闲风格服装，分特色性运动休闲和泛指性运动休闲两种。特色性运动休闲装源于某些运动项目，一般色彩图案鲜艳、对比性较强，如以滑雪运动为特色的运动休闲装设计；泛指性运动休闲装往往比较简洁、大方，有时也以较醒目的色条、色线作为设计元素。两种设计虽有些差别，但在款式造型与结构上都讲究宽松得体，具有明显的功能性作用和良好的自由度，使人体在休闲运动中能够舒展自如，如图4-11所示。

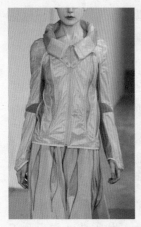

图4-11　运动休闲服装

　　旅游休闲风格服装，款式造型与结构同样具有运动休闲、宽松得体的风格特点及良好的自由度，但旅游休闲风格的服装款式更为丰富，有的偏重图案花色运用，体现山野林间的情趣；有的强调功能性部件和配饰，体现旅行探险的韵味，如超大的衣袋、多口袋的马甲背心，连衣风帽、围巾、腰带，有收紧功能的襻带、抽绳等，如图4-12所示。

图4-12　旅游休闲服装

　　乡村休闲风格服装具有质朴粗放的特征，款式造型同某些生活休闲装相似，不过这类服装注重款式结构的单纯性和紧凑感，强调穿着上生理与心理的舒适性。面料多为棉、麻、粗毛呢等天然纤维织物，色彩温和含蓄，多用含灰的中、低纯度色，局部往往采用不同质感的面料做贴袋、过肩及其他一些相关的部位设计，服装设计表现大多具有闲淡清幽的田园气息，如图4-13所示。

图4-13 乡村休闲服装

前卫休闲风格的服装设计特征是设计新颖、个性表现强烈张扬，具有多元性的文化元素运用，最具时尚潮流代表性。款式造型设计往往强调色彩图案表现上的艺术形式的多样性；面料与材质运用的新奇性；结构上的解构性，即结构关系的层叠垂坠、扭曲翻转、破缺以及局部夸张等变化。前卫休闲风格的服装以其创意性设计表现形式的丰富多彩，引领、助推着服装流行时尚的浪潮，如图4-14所示。

图4-14 前卫休闲服装

图4-15、图4-16所示分别为学生制作的休闲风格服装课题设计方案实例，方案设计主题明确，其中各项内容较为全面、完整。图4-15（a）（b）和图4-16（a）（b）为流行趋势分析，分别表现了主题趋势下的色彩趋势、款式趋势、面料趋势和配饰趋势；图4-15（c）（d）和图4-16（c）（d）为设计效果图、款式图和结构图；图4-15（e）和图4-16（e）为成衣展示图。不过，图4-16（a）体现出的色彩趋势色标颜色太过艳丽，与灵感图

色彩意境氛围有些不符，这也反映出学生对灵感图色彩意境的启示引导意义的理解还不够，使色彩概括提炼得不够贴切。

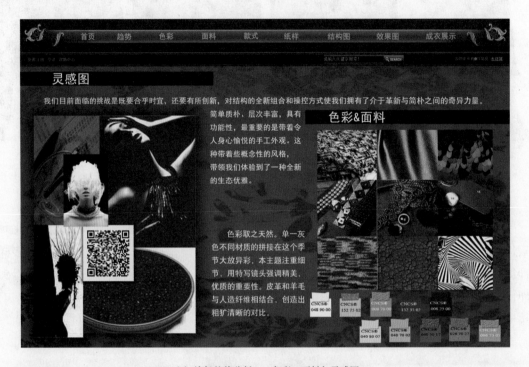

(a) 流行趋势分析——色彩、面料与灵感图

(b) 流行趋势分析——款式与配饰

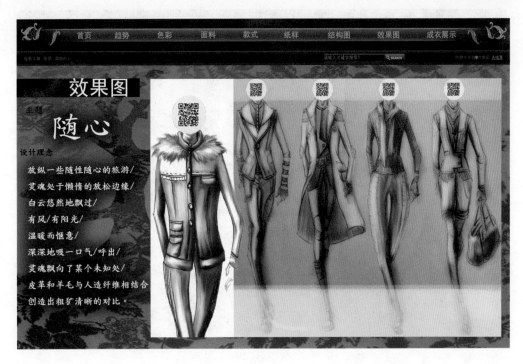

(c) 效果图

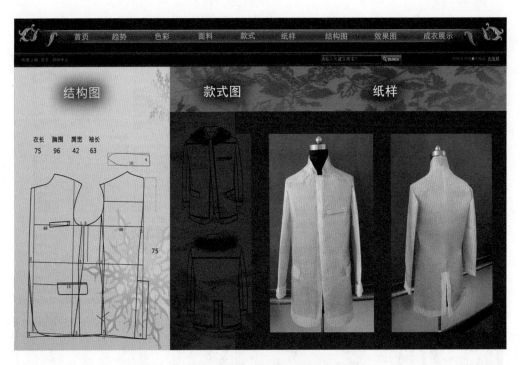

(d) 结构图、款式图与纸样试型

图4-15

(e) 成衣展示

图4-15　休闲风格服装课题设计方案实例1
（梁军工作室杨悦铭设计）

(a) 流行趋势分析——主题、色彩与款式

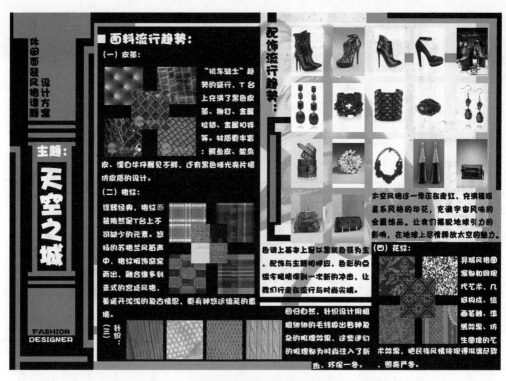

（b）流行趋势分析——面料与配饰

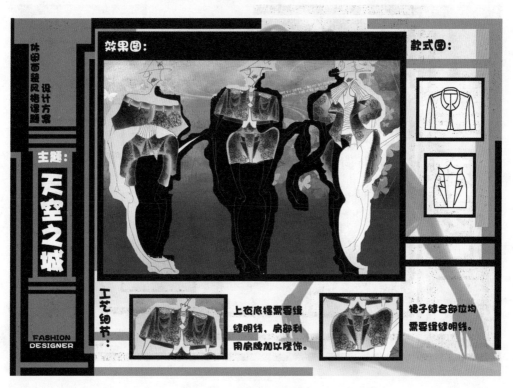

（c）效果图与款式图

图4-16

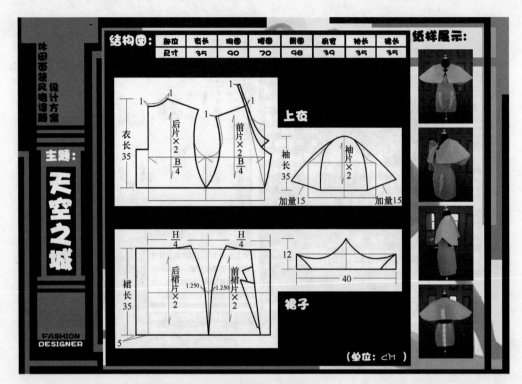

（d）结构图与纸样试型

（e）成衣展示

图4-16 休闲风格服装课题设计方案实例2

（梁军工作室曹慧慧设计）

3. 民族民俗风格课题方案设计

民族民俗风格服装，指运用民族民俗服饰文化元素进行设计创作的现代时装。民族服装是具有传统民族形式的服装，又称"民俗服"，它是一个民族政治、经济、思想、文化的反映。

民族民俗服装是在特定的社会生活及自然环境中形成的，符合民族的生活习惯和审美意识。其民族特征通过服装的造型、款式、色彩、材料和服饰配件等方面得到表现，特别是在配件及装饰方面尤为突出。中国的民族民俗服装服饰可谓种类繁多，百花齐放，各展风采。这种民族性、丰富性、多样性、实用性、区域性特点形成了我国多姿多彩的民族服装服饰文化。

（1）民族民俗服饰文化内涵

在漫长的历史发展进程中，人类社会的进步为人类在物质和精神生活领域提供了发展空间。人类种族群落的衣着装饰，是随着社会的发展而逐步变化着的。如几十万年前的原始人开始懂得将石头、兽牙、蚌壳钻孔等物体打磨串联起来作为装饰，用树叶、兽皮围裹在身上遮体御寒，之后，人类又懂得了种植、养蚕、纺纱、织布，进而使人类有了真正意义上的服装。虽说这种"演变"从人类的发展进化有其统一性，但由于地域辽阔，族群众多，受各种因素制约，族群间的发展呈现出不均衡的状态，形成统一中有不统一，因此造成多样性的发展格局，而各个民族的先民们遵循本民族的发展脉络使其辈辈传承。

①独特文化的结晶

每个民族都有其独特的民族传统文化，这种文化不仅是区别于其他民族的主要标志之一，更是这个民族繁衍生息、不断发展的根本支撑，是一个民族的根和魂。独具特质的民族文化，是这个民族的精神动力，民族服饰是民族文化的外在表现和形象展示，这种赋予文化内涵的服饰，是有别于其他民族的精神面貌和鲜活个性的展现。如蒙古族的帽子犹如蒙古包造型；云南水牛多，于是苗族女性头饰有两个弯曲的牛角形装饰；各少数民族或多或少都装饰有银质或其他材质的配饰，其源头都是由各自的图腾崇拜而来；云南、广西、贵州气候温暖，各种植物繁多，用植物浆汁染色的蜡染、扎染形成特有的文化，而且在民族特质文化的背景下，一些民族服装服饰堪称"独具风格的艺术珍品"。

②自然生态和谐的象征

中华民族民俗服装服饰有着极强的区域性特点，这是因为中国的56个民族分布在祖国的四面八方，呈现"大分散、小聚居"之势。由于中国幅员辽阔，东西南北自然生态环境差异性大，有的地方雨水多，有的地方雨水少，有的地方寒冷，有的地方温暖，有的地方是辽阔草原，有的地方重峦叠嶂，分居各地的民族为适应所处的自然环境，也为了谋求自身的发展，形成了不同民族、不同区域的服装服饰，体现了"天人合一"，即与自然生态条件相适应的特点。如北方寒冷，该区域生活的人们要系裤腿、扎腰带；南方温暖，服装多为露颈圆领、小衫、吊脚宽裤；而游牧民族多穿皮靴、着长袍。在与自然环境相适应的过程中，各民族都将本民族的特质文化内涵注入其中，于是便逐步形成了各自与自然环境相和谐的服装服饰风格特征。

③生产生活方式的具体体现

一个民族的特质文化的孕育和发展，都源于当时当地的生产生活方式。文化的外延与物化，也是与当时当地的生产生活方式分不开的。如游牧民族"人走家搬"，支个帐篷就是家，迁徙中服装不便于换脱，同时也是为了避寒，因而他们的服装都穿得较长较多；满族穿用的窄袖、束带、四面开衩的袍服适于骑马射猎；藏族的肥腰、长袖、大襟长袍服装在夜间和衣而眠时可以当被子使用，袍袖宽敞，臂膀伸缩自如，既防寒保暖又便于起居、旅行，白天气温上升更可露出一个臂膀，方便散热，调节体温；农耕民族是固定居所，可栽种、植桑养蚕，能够形成较稳定发展的服装形制。还有像云南、广西等地四季温暖，雨量充沛，许多少数民族居住于木楼高脚屋中，可防潮、防野兽，他们的服装自然也是短小、轻薄、宽松、透气。因此，民族民俗服装服饰的发展变化是与生产生活方式密不可分的，也可以说是生产生活方式的具体体现。

（2）民族民俗服饰设计特征

民族民俗服装风格课题设计，是借用民族民俗服装服饰元素进行现代服装的设计，而并非是设计民族民俗服装。如何借鉴运用相关民族民俗服装服饰元素进行现代服装的设计，首先就要了解相关民族民俗服装服饰的设计特征。

中国古代传统汉服是交领、右衽，不用扣子，而用绳带系结，给人洒脱飘逸的印象。中国古代传统汉服形制为"上衣下裳"（裳在古代指下裙）、"深衣"（将上衣下裳缝起来的袍服）、"襦裙"（短上衣）等类型，对中国近代汉服乃至少数民族服饰都有着较为深远的影响。如各民族普遍穿用的连袖、右衽、圆领、松身宽体的长褂短衫，大多都是源于中国古代的传统袍服、短衣的结构形制。而服饰配件及着装方式上，各民族则以不同的表现形式来体现本民族的文化特质或地域民俗性的风俗习惯。

在我国苏州附近的吴县甪直、胜浦、唯亭、陈墓一带的农村妇女，她们虽是汉族，却历来是梳愿摄头、扎包头巾、穿拼接衫、拼裆裤、作裙（两大片组成的裙子）、裹卷膀（围在小腿上的布）、着绣花鞋，至今依然保留着这种传统江南水乡的民俗服饰特色，故有"苏州少数民族"的美称，如图4-17所示。她们穿着的春秋季拼接衫上装，面料多为手工织染的土布、花布、深浅士林布，并常用几种色彩对比鲜明的面料拼接而成，做工细致，有较强的装饰性。下装拼裆裤主体上多用蓝地白花或白地蓝花的印花布，裤裆用蓝或黑色士林布拼接，这种拼接最初是由于受布幅的限制和为了省料而形成的。系在腰部的作裙（也有称瞩裙、裯裙）长度齐膝，腰侧处各有1个10cm左右、精致的褶裥面，并绣有不同工艺的花饰，围于作裙外的小穿腰与作裙相连并缝有一个大口袋，穿腰四周及腰带上绣着各种图案的花纹，整个裙服极有特色。而穿腰的束腰设计很实用，由于厚实硬挺，劳动时穿着腰背不易受风寒，站立时又能增加腰部的力量。

图4-17　苏州以东一带的农村妇女服饰

可以这样说，现代服装设计借鉴、融合民族民俗服装服饰文化元素，能够为服装时尚多元化的设计创新提供广泛的创作素材和灵感，如图4-18所示。

图4-18　融合民族民俗文化元素的服装

图4-19所示为学生制作的有关民族民俗风格的服装课题设计方案实例。这套设计方案页面较多，由7页组成。图4-19（a）~（d）分别表现了主题趋势下的色彩趋势、款式趋势、面料趋势和配饰趋势，图4-19（e）为设计效果图、款式图，图4-19（f）为纸样试型，图4-19（g）为成衣展示图。该设计方案的不足之处在于没有体现结构制图，导致设计方案的主要内容不够完整。

(a) 流行趋势分析——主题、色彩与灵感图

(b) 流行趋势分析——款式

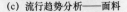

(c) 流行趋势分析——面料

(d) 流行趋势分析——配件

(e) 效果图与款式图

(f) 纸样试型

(g) 成衣展示

图4-19　民族民俗风格服装课题设计方案实例
（梁军工作室聂绘诗设计）

4. 新古典主义风格课题方案设计

新古典主义是在现代服装设计中经常运用的一种风格形式，它强调简洁、高雅、对称以及对传统形式的关注，提倡理性与节制，追求形式上的单纯性、清晰性和统一性。

在服装设计中，关于古典主义、新古典主义的理解和应用通常是较为模糊的。从学术意义上讲，"古典主义"是指古希腊和古罗马时期，"新古典主义"特指18、19世纪。而当代服装设计中所指的"新古典主义"，一般是指20世纪以来凡是具有古典主义特征的服装都可称为"新古典主义"，因此也被称为"泛古典主义"。

（1）新古典主义文化内涵

新古典主义是相对古典主义而言的，通常人们都知道，古典主义艺术是指古希腊和古罗马艺术，但"古典主义"一词最早出现于文艺复兴时期（1400~1600年）。当时的人们怀着对古希腊、古罗马文化的崇尚与浓厚兴趣，将古希腊和罗马的文化艺术准则冠以"古典主义"之名，并在文学艺术中将这一艺术准则作为理想而渴望复兴，由此才出现了所谓的"古典主义"。从狭义上说，"古典主义"概念，是指对古希腊和古罗马文学、艺术、建筑学的仰慕和模仿。从广义上讲，"古典主义"往往与"浪漫主义"相对立而存在，它是指那些执着于公认的审美理想甚于个人化表现的艺术。德国美学家温克尔曼（Winckelmann，1717—1768）曾经典地评述了古典主义的精髓："静穆得伟大，高贵得单纯"。

古希腊和古罗马在文学、艺术、建筑学方面取得了极高的成就，特别是古希腊。古希腊哲学方面的代表人物有苏格拉底、柏拉图、亚里士多德；数学方面有阿基米德、毕达哥拉斯、欧几里得、柏拉图；画家、雕刻家有西斯特里斯、米隆等。古罗马哲学方面的代表人物有西塞罗、塞涅卡等。

古典主义通常意味着对传统形式的关注，追求形式上的简洁单纯性、高雅清晰性、对称统一性以及超越个别普遍性的完美结合，具有一种融平静和力量于一体的均衡美。同时，它也被认为是永恒的、完美的、可推测的、最终的、理想的、典范的。古典主义主张采用民族规范语言、按照规定的创作原则进行创作。

1789年的法国资产阶级大革命，是一次政治、思想的变革，它不仅冲击了王室贵族的宝座，也冲击了他们日渐堕落的审美趣味，从此法国古典主义艺术应运而生。古典主义艺术力求恢复古希腊、古罗马所强烈追求的"庄重宁静感"，强调自然、淡雅、节制的艺术风格。在服装设计方面，复古的倾向主要体现在女装上，自然简单的服装款式取代了华丽夸张的样式，排除了拘束、非自然的紧身胸衣和裙撑，追求淡雅的自然美。因而，服装史上的1789~1825年间被称为"新古典主义时期"。

新古典主义时期的女装，可以看作是对14~16世纪文艺复兴时期以来的极端造型的反思，致使18世纪洛可可时期服装对16~17世纪巴洛克式服装的极端演化所形成的繁缛、庞大、装饰过剩的造型遭到摒弃。新古典主义时期女装典雅自然的人本主义与今日服装所倡导的人性化设计理念相契合，如图4-20所示。

图4-20　新古典主义时期女装　　　　　图4-21　新古典主义时期男装

（2）新古典主义风格设计特征

新古典主义时期，古罗马、古希腊那种清晰简约的设计开始复苏，服装表达了对更加自由的生活方式的追求。英国风格的宽大拖尾长裙以轻柔的褶裥取代了以往的裙撑或臀垫。长大衣前面有一部分被裁掉，领口被设计成小青果领，后又相继出现了薄布连衣裙，腰线上移至胸下，腰线处抽有碎褶。透明面料的裙子带有很多褶裥，或无袖或短袖，并有长长的裙裾，华贵的羊绒披肩用于冷天或阴雨天。后期，高腰上衣部分逐渐与下面的裙子分开，形成非常贴体的紧身衣，常常用镶有花边的高领来突出领部，袖子通常为泡泡袖或切口短袖，裙子也渐渐变挺变窄变短。大革命时期的男装，深色外衣高领、底摆部宽、袖子长而窄，两排扣子可以系上，也可以敞开（此款逐渐演变成燕尾服），贴体短马甲常与高领衬衫相配，领口配有大领巾或领结，如图4-21所示。裤子为裁得很瘦的高腰裤，通常采用针织面料。这种样式成为中产阶级的主要服装。

①制作技术特征

19世纪之前，服装裁缝们通常是使用标记好的绸带或者以纸条为工具来测量，并在纸样裁剪的地方做记号，有许多妇女的服饰都是披挂在身上或是从现有的衣服纸样上复制出来的。19世纪早期，伦敦和巴黎的裁缝们发明了卷尺，这也成为重要的变革标志。这一时期最重要的突破莫过于标准化度量单位的使用，即英寸（in）和厘米（cm），这些单位易于划分，能够使复杂的制图和尺寸确定方式有进一步发展的可能。

②款式结构特征

长裙是新古典主义时期具有代表性的女装样式之一，那时的女性大都穿着轻薄面料的秀美长裙，领口宽而低，领口与胸点的纵向距离只有5.5cm，腰线提到胸围线以下9.8cm，相当于在胸下围的位置上，以便使放松的胸部更为突出。由于胸点到腰线的距离大大缩短，在乳凸量不变的情况下，如果仅靠1个省来解决胸腰差量，胸省量会很大，形成的胸部造型就会比较尖锐、不自然，因而胸省被分散成3个小省道，省尖点指向乳凸点附近，造型柔和自然，含蓄而不夸张，毫无生硬的感觉。除了收省之外，捏褶也是处理胸腰差量的常用方法。另外，由于长裙被腰围线分为衣身和裙子两部分，下身的比例被拉大，自然直垂而下的裙子前中心线长114cm，从前中心线来看，上、下身的比例是12.5：114，即1：9.12。后中心线处的裙摆呈弧线形，裙长可达150cm，形成长拖尾。由于裙子是由前、后两片构成，侧缝线的倾斜度较小，只有9.95°，形状接近矩形，属于直线造型结构；腰部用褶裥达到收腰的效果，裙子从腰线自然垂下，线条非常流畅。这样的结构使得单纯从结构图上无法找到明确的臀围位置，只有穿上它，在人体的支撑与扭转之间显露出自然的腰身曲线以及肢体的修长和优美，并在视觉上给人以肃穆感。这些特征充分体现了新古典主义时期宁静、淡雅的艺术风格。

长大衣样式是由前衣身胸部通过3个分散的胸省处理来进行塑造，后衣身结构则由前侧、后侧和后中三部分衣片构成，后衣片的肩背结构用破缝的办法解决。后中衣片的肩胛骨以上部分被剪开，将后衣片肩线对接到前衣片肩线上，增加了前衣片的完整性，从后衣片分割线的位置上看，当时的人们已经注意到后衣片结构的关键在于肩胛骨和背部的处理。分割线从袖窿向后中靠近，在视觉上具有收紧腰部的效果，上身严谨的立体结构与下半身裙子的直线造型形成了鲜明的对比，但在整体上，它们都表现出了柔和的身体曲线和稳重的外观。

短外套（Spencer）是新古典主义时期又一种典型的服装样式，它来自男装，因最初穿用它的英国斯宾塞（Spencer）伯爵而得名。它穿在长裙外面，起保暖作用，短外套被设计得极短，短到腰线以上或到袖窿底部，颜色通常是深色，与浅色的裙子形成对比。短外套的结构特征与长裙的上部衣身结构有类似之处，即衣长很短，下摆仅在胸点以下7~7.5cm，与长裙腰线平齐。胸部的处理方法相同，都使用了3个小省道，后衣片也采用分割线解决。

（3）新古典主义风格代表性设计

①格蕾单肩式晚装

法国设计师格蕾夫人（Gres，1903—1993），1934年开办阿丽克斯设计室，1945年再次开办设计室，1970~1980年先后在莫斯科、日本、纽约举办服装发布会，以擅长单肩式夜礼服设计著称。单肩式样主要是指前、后衣身在一侧肩部连接，多用一根或几根肩带，如同古希腊的希玛纯，包缠形成的褶裥从肩峰一侧流泻下来，形成富于节奏感的"波浪"。格蕾夫人1958年设计的一款典型的古典主义风格的晚装，风格简洁、明快，通体为本色丝绸平针织物，强调人体的廓型设计。这款单肩式样造就了细密丰富、自上而下的褶裥，在自然腰节处因收腰而有一个节奏停顿。设计亮点在横斜的领缘处用细褶面料制成的麻花状处理效果与竖斜的衣身皱褶形成比照，而上、下衣身的褶裥在方向和宽窄的变化上则为设计增添了情趣，如图4-22（a）所示。

②伏契尼裙装

褶裥方法的运用是画家玛瑞阿诺·伏契尼（Mariano Fortuny，1871—1949）设计的一项专利，用褶裥工艺技术制作的典型款式是1908年创作的一件独特精美褶裥的圆柱体特尔裴（Delphos）裙装。特尔裴是希腊古城，因城内的阿波罗神殿而出名。伏契尼一生创作了许多类似的裙服，早期有短蝙蝠袖且袖口系带的款式，后期又有腰部缝有装饰褶裥由肩头垂落而下长及臀部的小圆点束腰外衣。伏契尼作品运用褶皱面料和H型的圆柱廓型，使古典主义精髓体现于简单、对称、单纯的形式之中，并对服装所掩盖下的优美人体形态和姿态起到强调作用，如图4-22（b）所示。

褶裥是新古典主义服装的一大特点。褶裥的可塑性极强，褶裥所形成的竖直线条诠释了新古典主义宛若一个沉静灵魂般的独特气质，体现了新古典主义的静穆和含蓄之美。褶裥借助面料所造成的波折起伏，使服装产生柔软和优美的膨胀感，从而形成立体感与体积感。

③迪奥的新造型

克里斯汀·迪奥（Christian Dior，1905—1957），恢复了女性服装的传统和典雅，其古典主义风格的服装重视形式的美好和对传统形式的关注，在形式法则上遵守合理、单纯、适度、明确、简洁和平衡的基本规律。造型以人体自然形态为基础，简单、朴素，结构对称，面料质朴，色彩单纯，图案简洁。迪奥1959年设计的一件古典主义风格的服装作品，结构明确、左右对称、色彩单纯，但仍然散发出耐人寻味的魅力，充分展现了人体自然的美好。服装展示以古罗马雕塑为背景，将古典与经典巧妙地结合在一起，如图4-22（c）所示。

(a) 格蕾单肩式晚装　　　(b) 伏契尼裙装　　　(c) 迪奥的新造型

图4-22　新古典主义风格服装

图4-23所示为当代一些服装大师设计的新古典主义风格作品。图4-24、图4-25所示分别是学生制作的新古典主义风格的服装课题设计方案实例。图4-24（a）（b）和图4-25（a）（b）表达了各自主题趋势下的色彩趋势、款式趋势、面料趋势和配饰趋势；图4-24（c）、图4-25（c）为设计效果图与款式图的表现，图4-24（d）为款式图、结构图与纸样试型，图4-25（d）（e）为结构图与纸样试型，图4-24（e）和图4-25（f）为成衣展示。这两个方案设计主题较明确，各项内容也基本完整。

图4-23　当代服装大师的新古典主义风格服装

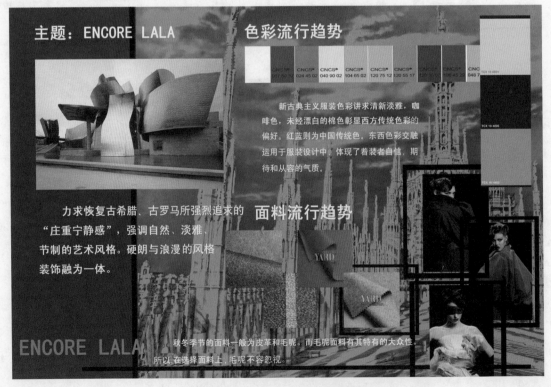

（a）流行趋势分析——主题、色彩与面料

（b）流行趋势分析——款式与配饰

（c）设计效果图

图4-24

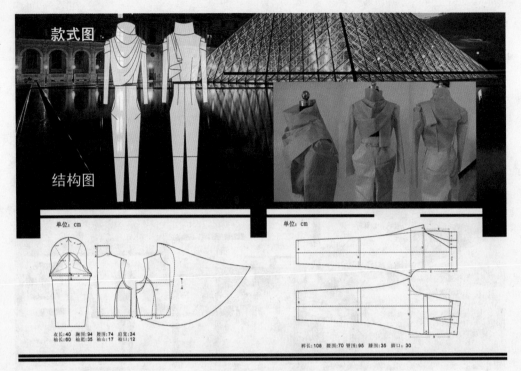

（d）款式图、结构图与纸样试型

动态展示

（e）成衣展示

图4-24　新古典主义风格服装课题设计方案实例1
（梁军工作室门丽丽设计）

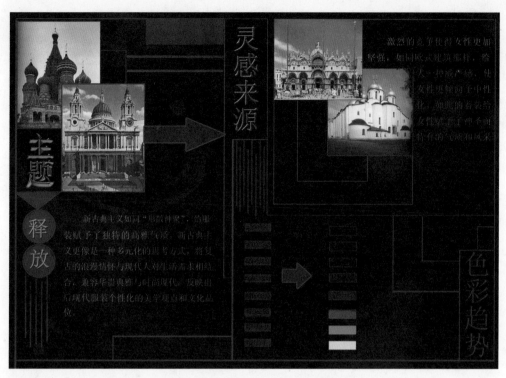

(a) 流行趋势分析——主题、色彩与灵感图

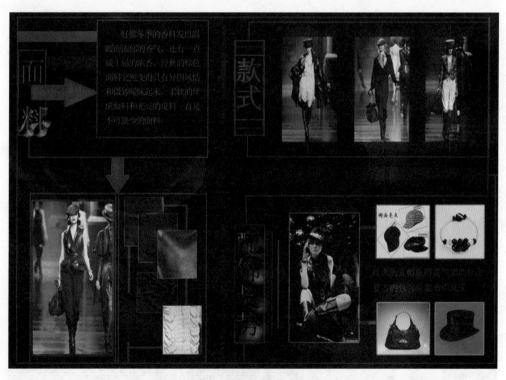

(b) 流行趋势分析——面料、款式与配饰

图4-25

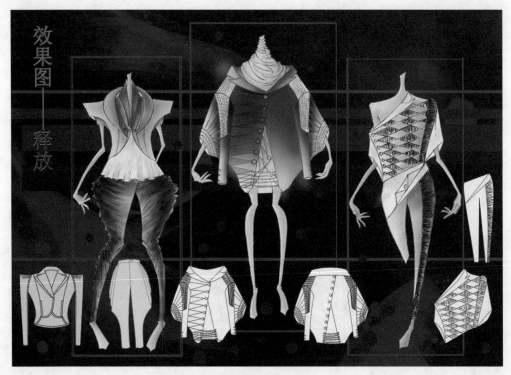

(c) 设计效果图与款式图

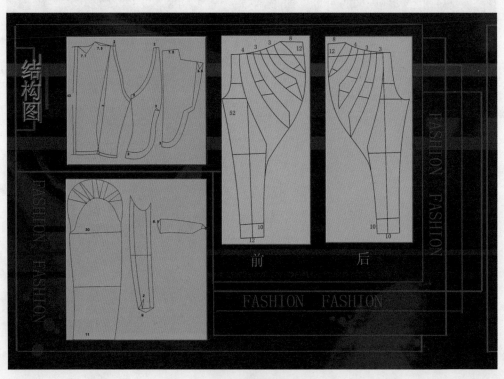

(d) 结构图

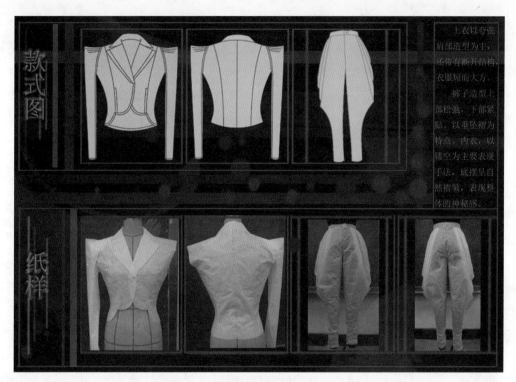

（e）款式图与纸样试型

（f）成衣展示

图4-25　新古典主义风格服装课题设计方案实例2
（梁军工作室常文斌设计）

5．多元文化风格课题方案设计

多元文化，指在人类社会越来越复杂化、信息流通越来越发达的情况下，文化的更新转型日益加快，各种文化的发展均面临着服务于社会的不同机遇和挑战，这就促使各种文化相互融合后新的文化层出不穷，由此便造就了文化的多元性，也就是复杂社会背景下的多元文化。

（1）多元文化内涵

19世纪英国人类学家泰勒在《原始文化》一书中，给"文化"下了一个比较经典的定义："文化是一个复合体，其中包括知识、信仰、艺术、法律、道德、风俗以及人作为社会成员而获得的任何其他能力和习惯。"我们通常所说的"文化"，往往是指广义上的文化复合体，而一个民族、一个国家都有其文化的独特性，面对本民族文化所遭受到的侵蚀，任何一个文化群体都不会坐以待毙，因此文化的相互影响、相互借鉴便形成了这种具有多重文化复合体的社会共有文化。多元文化现象可以说既是一种意识形态，又是一种社会发展策略，因为它是对全球化所带来的文化的同质化现象的反抗，也是弱势文化群体反对文化霸权的文化政治实践。

现今多元文化的发展，已逐步成为社会文化发展的主流，是平行于原有文化复合体中的一种文化意识思潮，而这种文化意识思潮，在具有文化先导性的艺术、时尚领域表现得尤为突出。

在艺术及时尚领域，反对文化霸权，拒绝任何标榜能够囊括世界历史全部内容的理论，给不同民族以话语权，尊重差异性、多样性和兼容性的后现代主义思想成为现代艺术与时尚领域的鲜明特征。在这样的背景下，艺术与时尚领域出现了前所未有的多元文化现象。

朋克（Punk）服饰，是源于20世纪70年代西方的一种反摇滚的音乐力量，朋克的精髓就在于反传统的破坏与颠覆。早期朋克的电影装扮是用发胶粘起头发，穿一条窄身牛仔裤，加上一件不系纽扣的白衬衣，再戴上一个耳机，体现出一种街头市井文化的"新新人类"形象。进入20世纪90年代以后，时尚界出现了后朋克风潮，其主要特征是鲜艳、破烂、简洁、金属，图案装饰常采用骷髅、皇冠、英文字母，并伴有镶嵌闪亮的水钻或亮片，或采用大型金属别针、吊链、拉链等比较显眼的金属制品来装饰服装。这些代表不同文化属性的元素运用，具有现代服装设计的里程碑意义。而服装设计师维维安·韦斯特伍德，在其作品里大量运用雷锋帽、铆钉，西装上衣搭配军服外兜、休闲裤、非洲土著的颈饰等诸多不同文化元素，被誉为"朋克教主"。

多元文化风格的服装，其实说到底，就是将相对立的截然不同的两种甚至是多种文化元素或风格混合搭配在一起，形成一种无特定风格的风格。例如，晚装混搭牛仔、穿皮草混搭薄纱、男装混搭女装、朋克铁钉混搭洛丽塔长裙、未来风格的紧身摩托裤与皮草搭配等。在中国民国时期就有穿中式宽松长袍、戴礼帽、挂文明棍的穿着方式；美国人摆脱了英国绅士穿西装需通身相配套的规矩，穿着圆领衬衫或T恤配西装外套，下着牛仔裤。

多元文化的发展，拓宽了人们的视野，为服装设计提供了更加丰富的设计灵感。人们不再局限于自己身边的服装风格，开始放眼世界，从不同领域渗透融合以寻求服装设计的突破与创新。

（2）多元文化风格设计特征

多元文化风格设计特征体现在以下几个方面。

同一时期服装风格的多元化，如既有经典优雅的风格也有嘻哈混搭的风格，既有时尚前卫风格又有休闲实用的风格。

不同文化背景下的服装形制结构的多元化运用，如日本的和服、中国的旗袍，阿拉伯的长袍、印度的纱丽，英式剪裁的燕尾便服、苏格兰条格裙等。

设计表现形式要素运用的多元化，如中国的盘扣、折扇、脸谱、剪纸等，非洲的项圈、耳环、图腾，巴勒斯坦的围巾，澳洲土著的羽毛、图案等运用及饰物的混搭。

材质要素运用的多元化，如金属、玻璃、塑料、皮革、粗质棉麻纤维、机织与针织、特殊编结相互搭配运用等。

不同艺术形式互为借鉴运用的多元化，如建筑艺术、装饰艺术、绘画艺术、波普艺术、欧普艺术、民间艺术以及其他视觉传达艺术等。

（3）多元文化风格代表性设计

①巴伦夏加服装

巴伦夏加（亦称巴黎世家）品牌的创始人巴伦夏加（Balenciaga，1895—1972），1919年在西班牙开设了最初的巴伦夏加店，以后又开设了2号店、3号店，1936年因战争逃亡伦敦。1937年在巴黎举办发布会受到业界关注，1939年开始声名鹊起，1948～1949年举办了各种引人注目的服装发布会。

巴伦夏加的设计师尼古拉·盖斯奇埃（Nicolas Ghesquière）说，多元文化服装风格"是一个大拼盘——带着多元文化的象征元素与色彩的街头混搭"。

巴伦夏加在2007年的服装发布，基本轮廓造型是：紧袖、肩型立起的学院风小外套，层层围裹的流苏方巾，细狭的低腰位马裤，五彩缤纷的拼缀连身裙，配有毛领的棉外套，未来感兼运动感十足的便鞋，或是色彩明亮如同拼装玩具的高跟凉鞋等。这些装束表面看上去并不复杂，但其实服装中囊括了欧洲、非洲、中东、日本、蒙古、秘鲁等不同国家与地域、不同种族五花八门的元素。像巴勒斯坦围巾在盖斯奇埃尔早期系列作品中曾经使用过，但这次变换了不同形式的印花，还装点上了金色的丝线流苏，同时那些大幅面的围巾也成为翩然飘动的多片连身裙的一部分。为保持相关元素运用平衡，传统的西方风格要素也融于系列之中，如英式剪裁的燕尾便服、运动衫条纹、花格斜纹软呢等。

②高田贤三服装

被称为色彩魔术师的高田贤三（Takada Kenzo），也是多元文化服装设计的推崇者。高田贤三，1939年2月出生于日本东京，就读于日本文化服装学院，20世纪60年代中期到法国求学。1965年开始在巴黎做自由设计师，1970年在巴黎开设了第一家时装店"日本丛

图4-26　巴伦夏加的多元文化风格设计作品

林"（Jungle Jap），从此步入巴黎这个世界时装大都会，在此期间，五花八门的巴黎时尚强化了他的时装观念，促成了他在时装设计理念和技巧上的成熟。在几十年的设计生涯中，高田贤三坚持将多种民族文化观念与风格融入其设计，他不仅是时装界的杰出人物，亦是多元文化的推崇者与融合者。

其现任设计师安东尼奥·马哈斯（Antonio Marras）仍然坚守着奢华的多元文化风格，其作品发布会，设计师经常将非洲各种图案、造型以及护身符、珍珠项链、贵金属和再生材料等不协调的物件进行组合混搭；条纹织物与压花刺绣、贝壳、羽毛和靛青染料结合，华丽的色彩与图案相掺杂；面料组合出的菱形、正方形、三角形和圆形重叠起来，形成无数发光的彩色纹理；而以蜡染印花法的装饰，色彩逼真且绚丽（图4-27）。

③波西米亚风格服装

波西米亚风格的服装是波西米亚精神的产物。波西米亚风格的服装并不是单纯指波西米亚当地人的民族服装，服装的外貌也不局限于波西米亚的民族服装和吉卜赛风格的服装。它是一种以捷克共和国各民族服装为主，融合了多民族服装风格的现代多元文化的产物。层层叠叠的花边、无领袒肩的宽松上衣、大朵的印花、手工的花边、细绳结、皮质的流苏、纷乱的串珠装饰及波浪乱发；色彩运用以比例不均衡的撞色取得效果，如宝蓝与金咖、中灰与粉红等；剪裁有哥特式的繁复，注重领口和腰部设计等（图4-28）。

多元文化服装风格不是哪一个设计师的专利，它是当代服饰文化发展的一个趋势。当今设计师们的作品，都或多或少地融入了多元文化的象征元素。只是有的作品表现形式明显，有的作品表现形式内敛含蓄。如图4-29所示的作品，各种文化元素运用得鲜明、张扬，特别是（a）（b）两图为加里亚诺的设计作品，服装以夸张的造型、多重且具有文化异质性的图案色彩进行运用，形成了极强的视觉感染力。

图4-27　高田贤三的多元文化风格设计作品　　　　　图4-28　波西米亚风格的服装

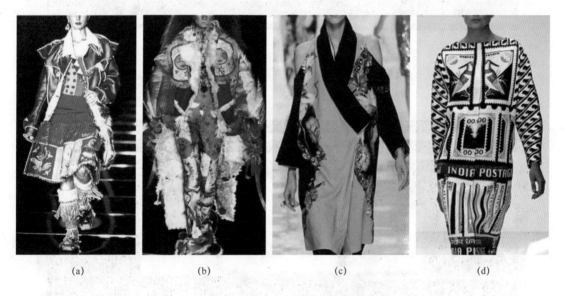

（a）　　　　　　　　　（b）　　　　　　　　　（c）　　　　　　　　　（d）

图4-29　融入多元文化元素的服装作品

　　图4-30、图4-31所示分别为学生制作的多元文化风格服装课题设计方案实例。

　　图4-30（a）~（c）和图4-31（a）~（c）表达了各自主题趋势下的色彩趋势、款式趋势、面料趋势和配饰趋势，图4-30（c）中的一部分和图4-31（d）分别为设计效果图、款式图，图4-30（d）、图4-31（e）为款式图、结构图和纸样试型，图4-30（e）、图4-31（f）为成衣展示。方案设计主体内容基本完整，版式设计安排得也较为得当。不足之处是，图4-30（a）的灵感图色彩意境氛围不够，色彩提炼单一；图4-30（d）的结构图没有注明相关尺寸数据，影响了设计方案的严谨性。

（a）流行趋势分析——主题、色彩、款式与灵感图

（b）流行趋势分析——面料与配饰

(c) 妆容流行趋势与设计效果图

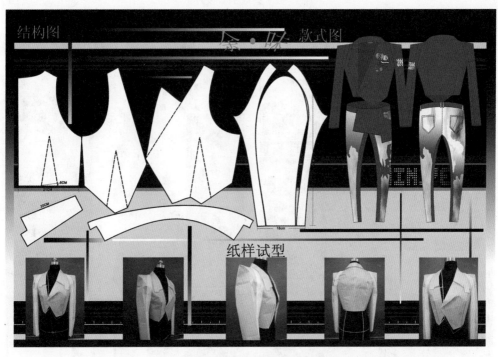

(d) 款式图、结构图与纸样试型

图4-30

(e) 成衣作品展示

图4-30　多元文化风格服装课题设计方案实例1
（梁军工作室代晓云设计）

(a) 流行趋势分析——主题与灵感图　　　　　(b) 流行趋势分析——款式

(c) 流行趋势分析——面料与配饰

(d) 设计效果图与款式图

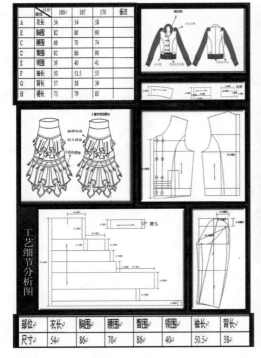

(e) 结构图

(f) 纸样试型与成衣作品展示

图4-31　多元文化风格服装课题设计方案实例2
（梁军工作室文昕设计）

第五章　目标设计作品实践

第四章的创新设计综合实践，是从服装风格课题切入，对设计过程进行的综合分析与设计实训，这一过程更注重的是服装时尚的文化性内涵与设计理念系统性的分析表达。本章的目标设计作品实践，则是以主题进行目的性设计的创作实践。目标设计作品创作根据目的性的需要，使服装成衣作品具有不同的应用性功能和价值意义，设计效果也有着不同的表现形式和感染力。针对赛事或发布会的目标设计，作品更多强调的是艺术风格特色的创意性、时尚的引领性；针对企业及社会应用的定向设计，作品往往关注的是服装功能性应用与设计新颖性的统一。为此，第四章的创新设计综合实践，能够借助本章的目标设计作品实践的载体，得到更为充分有效的应用。

一、赛事设计作品实践

赛事设计作品实践，可以说是院校服装设计教学成果的展示。虽然院校教学不是以培养学生参赛为宗旨，但参加赛事作品设计的确是学生提升专业综合能力的一个良好平台。学生在参加赛事作品设计的过程中，经过设计构思灵感想象的提炼、升华，以及作品制作的实验、调整、缝纫等全方位的实践，对作品的设计创作会有非常深刻的认识和理解，对其自身能力的提高也会有一个新的飞跃。

（一）赛事类别与设计定位

针对赛事的作品设计实践，要根据赛事定位和主题来确定参赛作品设计理念和设计风格。因此，前期的创新设计综合实践过程中对时尚趋势分析、相关设计创意想法的形成以及设计图的表现等方面，都对赛事作品设计有着很强的启示作用和应用意义。如中国服装设计师协会举办的全国服装院校"新人奖"设计大赛，其大赛宗旨是在学生中发掘培养具有优秀设计师潜质的人才，大赛前期的投稿阶段，要求所设计的稿件中要有服装流行趋势分析，并且要注重设计效果图与服装流行趋势分析的因果关系。在后期的参赛作品评比过程中，还要对学生进行相关设计与实际技术操作能力的考核，这类赛事的定位无疑是对院校整个服装专业教学体系水平的考验。而另外一些赛事因面向社会，不只是针对院校学生，赛事定位往往以赞助商或发起人的商业利益性需求来确定，诸如一些带有赞助商冠名的主题性定位的服装设计赛事等。

1. 设计理念

从针对赛事的目标设计作品实践整体过程来讲，设计理念往往是目标设计成败的关键。因为设计理念中蕴涵着设计者服饰文化的修养、生活阅历、相关艺术形式与时尚趋势的感悟、专业知识体系及技术手段的运用等多个方面。可以说，是设计理念掌控着目标设计作品实践的全过程。例如：图5-2（a）所示的《黑土瑞雪》系列设计作品，其设计理念是以代表东北黑土地文化的"狗皮帽子羊皮袄，缅裆裤腰裹腿脚"、"瑞雪兆丰年"等民俗谚语为创作素材。作品表现要通过对民谚中的着装方式、氛围意境的融入，进行现代服装设计时尚的演绎。而这一设计理念的形成，设计者若没有一定的生活经历和生活体验，是较难迸发出此种灵感火花的。图5-3（a）所示的《汉字之间》系列设计作品，其设计理念灵感来源于作为中华民族文化之首的汉字。汉字作为设计要素运用已屡见不鲜，但如何将屡屡出现的要素用出新意、用到极致，设计者对其艺术形式的感悟和时尚性把握，则是这一设计理念表现的主体核心。此作品设计选取汉字演化过程中的部分字形字体和碑拓以及其他相关民族文化元素，通过借助特色性材质与时尚性手段的表现，使设计理念具有了一定的文化深度。图5-4（a）所示的《麻将异逐》系列作品的设计理念，是有感于麻将在时下国人中的普及与盛行，作为民族传统文化的麻将有其利弊的双面性，该作品是想通过麻将素材与其他一些时尚元素相融合来表达一种装饰性设计的新视角，同时以隐喻的方式告诫人们对麻将不要过度追逐。

通过上述实例分析说明，设计理念对掌控目标设计作品实践的全过程有着重要意义。不过，好的设计理念要依托好的设计表现形式传达给观者。作为针对赛事目标的设计作品实践，首先应是优秀的设计方案图稿的绘画与制作，而高水平的设计方案，是有新意的设计理念与设计绘画效果的有机结合。

2. 设计方案

在第四章创新设计综合实践中，我们对设计方案形式及方案包含的各方面内容都做了详细阐述，而此处所说的设计方案，是以赛事作品设计实践为目的，方案要以赛事特定要求来制作，它是对前面设计方案的简化。如全国服装院校"新人奖"赛事，要求提交的设计方案包括新一年或新一季服装流行趋势分析、设计效果图、款式结构图和面料小样等，而其他多数赛事提交的设计方案通常具有设计效果图、款式结构图和面料小样即可。各赛事的设计方案要求虽不尽相同，但有了前面的创新设计综合训练的实践作为基础，对于赛事设计方案的制作就能做到从容应对。图5-1所示为参加"新人奖"赛事的设计方案实例。

（二）设计作品表达形式

服装设计作品的表达形式，是实现目的性设计的途径和载体。设计作品的表达形式从作品设计构思的最初阶段到作品的制作完成，始终贯穿于整个作品的设计制作过程之中。但是，设计作品的表达形式，是在服装设计构成各要素之间不断进行调整、完善的情况下得以实现的。

1. 艺术性

由于针对赛事的服装设计具有较强的时尚创意性，因而，设计作品中的艺术性表现形

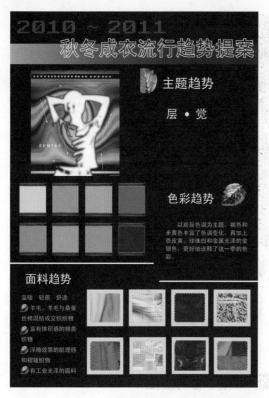

（a）流行趋势预测分析

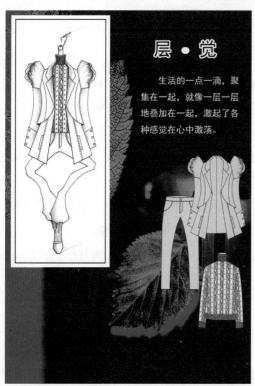

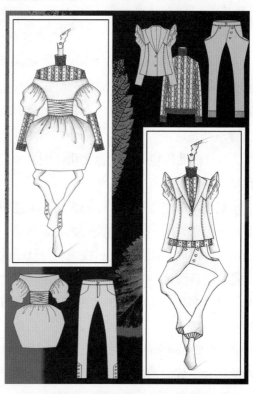

（b）根据流行趋势预测分析绘制的效果图、款式图1　　（c）根据流行趋势预测分析绘制的效果图、款式图2

图5-1

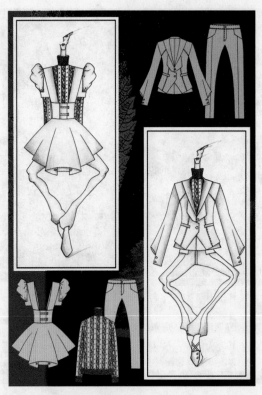

(d) 根据流行趋势预测分析绘制的效果图、款式图3

图5-1 "新人奖"赛事设计方案实例
（梁军工作室王超设计）

式往往会受到更多关注。服装的时尚创意性中所体现出的艺术性，是时代的产物，不可避免地会受到社会活动和社会文化思潮的影响，而每一款服装在设计时都要围绕一定的主题意境，以表达一定的文化内涵和艺术风格。当服装设计表现形式置身于文化的范畴之中时，设计作品所包含的这种文化性积淀如果深厚、坚实，则会使设计显示出较强的艺术性和时代特征。

服装设计作品中艺术性的表达，所遵循的艺术性规律是一切艺术作品创作共同遵守的形式美法则。即：以形式美构成要素的点、线、面、体，通过对称、均衡、节奏、韵律、比例、对比等形式美法则，按变化与统一的形式美原理去创造艺术美。与其他艺术所不同的是，服装设计中的艺术性是以服用材料为载体，用其特有的设计语言，揭示作品中以自然、社会和生活为主题的艺术境界，以传达设计师的思想情感，使之深入其境、感悟其情。

图5-2（a）所示的《黑土瑞雪》系列作品，造型采用宽与窄、松与紧、长与短、内与外的组合方式；面料选用灰色长锋毛皮、黑色羊卷绒、铁灰色毛呢、网眼毛圈织物；配饰上以哥特风的尖顶毛皮帽彰显其前卫性，中灰色丝光绒条堆积围巾犹如冰挂，如图5-2（b）（c）所示。整组服装造型与用料体现了在全新基点上融入地域性民俗元素的现代时

(a)

(b)

(c)

图5-2 《黑土瑞雪》服装系列设计
（梁军设计）

尚理念，作品设计效果表现出黑土文化浑厚、凝重、野性且兼具浪漫、质朴的艺术境界。此系列服装曾获得第四届"中华杯"全国服装设计大赛时装类金奖。

图5-3（a）所示为《汉字之间》系列服装设计作品，整组服装以古今汉字不同字体、大小、形态的黑白互衬、疏密排列以及碑拓等形式作为设计表现核心。局部运用小披肩领、围腰，以线形通透的黑色盘扣嵌缀于白底之上，构成清晰简明的节奏以进一步深化作

品的主题和内涵。同时，服饰配件上辅以围巾、宽檐帽、手套、腰带、长袜等，使服装在传统与时尚交融中，形成富有传统文化感染力的艺术情境，如图5-3（b）~（d）所示。该系列服装曾获"汉帛奖"第16届国际青年设计师时装作品大赛银奖。

(a)

(b)

图5-3 《汉字之间》服装系列设计
（袁大鹏工作室程世民设计）

图5-4（a）所示的《麻将异逐》系列服装设计作品，以民族传统文化的麻将作为设计元素，设计理念较有创意性。作品设计表现主要运用黑、白皮革材料，以麻将立体的块状形态在黑色透空的网纱上间隔排列，由黑白虚实的空间错落起伏构成对比性较强的节奏

感。而夸张的肩部造型、具有突破性的非常规结构以及仿军用八角帽、皮靴、条纹长丝袜、隐纹打底衫、装饰拉链、银灰渐变喷漆等现代时尚元素与表现形式的融合，使服装透射出多元文化的韵味，整组作品在黑白两色之间具有较强的装饰艺术性，如图5-4（b）（c）所示。不过这种装饰艺术性也因麻将要素的较多写实性排列，使服装显得时尚概括性处理不足。该系列作品曾获得2012中国国际时装创意设计大赛"新锐设计师奖"。

(a)

(b)

图5-4　《麻将异逐》服装系列设计
（梁军工作室班丽莎设计）

2. 面料与材质运用

服装面料是构成服装设计的基本要素之一，人们对服装材料的感知是由其视觉、触觉等方面的生理感受形成的。一方面，服装材料的厚薄、轻重、软硬、粗细、光泽、透气等不同质地与肌理所产生的丰富效果，以及在视觉上给人们带来的心理审美感受，均能对服装设计效果产生重要影响。如手感柔软、光滑的面料能产生特定的情调，给人以舒适的触感；织纹粗大的粗纺呢或结子线织造的面料肌理，令人体会到淳朴、粗犷的乡土气息和田园风格；而织纹细腻的真丝双绉、乔其纱等质感肌理，使人产生浪漫、欢快的情绪。此外，服装材料还可以通过二次改造来获得材料质感再造的个性肌理特征。另一方面，服装面料上的色彩、图案具有很强的艺术性，它与面料质地结合在服装设计中起着极为重要的作用。现代印染工艺使面料的图案多姿多彩，传统的蜡染、扎染手法使面料具有质朴的民族、民间风情。

服装设计对面料材质的选择，可以说是从单纯的外观形式到具有理性内容逐步深入的过程，不论是面料生产一次成型的材质状态，还是经二次改造的材质特性，都是围绕其设计意图的实现而展开的。如具有透明性的纱质材料，其材质空间会发生变化，材料自身会形成虚实空间，从而减弱自身的体量感，使穿着者显得轻盈、朦胧、性感、含蓄，给人以空灵、梦幻的审美意境。而服装款式以领子上的毛皮、衣身的皮革、针织物、平布、平绒等多种材料的材质拼接等互为作用，能够达到视觉上寻求审美新意的需要。服装面料材质的运用大多还与工艺技术手段运用相互配合、相互支撑。

服装设计中材料的运用决定着作品设计造型风格特色的表达，并以其独有的质感肌理特征体现作品的思想内涵。如图5-5所展示的题为《融》的系列服装设计作品，就是

(a)

(b)

图5-5 《融》服装系列设计
（袁大鹏工作室麻野设计）

运用面料材质的再创造所展现的丰富设计内涵，来强化服装整体设计的表现力。作品局部着重以面料由小到大的方块状粘接压合以及花瓣状的分层叠合作为装饰，在系列设计中以某些单品款式的缀缝来突出其设计作品的唯美性与个性，服装系列整体设计具有繁简、抑扬得当的视觉审美效果。这组系列作品曾获得2007"佳海杯"中国国际服装（院校）设计大赛金奖。

图5-6（a）所示为服装设计作品《Area》，该作品以面料二次设计的改造形式演绎了服装设计表现效果。作品设计以薄毛呢、皮革为主要面料，但作品的个性特色表现并不是此两种面料的简单运用，而是采用以薄毛呢为底料，将许多做过黑、灰色喷漆处理的圆锥体小铆钉进行细密排列，在服装面状廓型上形成强烈浮雕感的肌理效果，使其具有铠甲般的厚重与张力。这种服装面料经改造后的材质对比效果，使人们在观赏与品读服装中，不免产生些许联想与感叹，如图5-6（b）所示的作品局部。此系列服装曾获得第二届"石狮杯"全国高校毕业生服装设计大赛银奖。

图5-7所示是题为《藤蔓游戏》的系列设计作品，此系列作品完全是以针织面料编结、抽缝的材料二次改造来表现服装设计效果的。由于作品中仅用单一的针织面料为主要面料，没有任何其他辅助材料搭配，因而需靠材料再创造的个性特色以取得突破，作品设计的成功与否具有较大的风险性。该作品在设计制作过程中充分地利用针织面料轻薄柔软的特性，以针织面料的条状编结工艺来体现很强的浮雕纹理感，以针织面料的面状填充和辅料的系扎、抽褶来获得具有空间体量感的层次起伏，使作品最终达到了较为理想的效果。这组作品曾获得第十三届中国服装院校"新人奖"大赛新人奖。

(a)

(b)

图5-6 《Area》服装系列设计
（袁大鹏工作室闫超超设计）

(a)

(b)

图5-7 《藤蔓游戏》服装系列设计
（袁大鹏工作室赵静设计）

3．工艺技术手段

服装的工艺技术手段运用，不仅是为满足服装的功能性需求，同时还要充分考虑服装的款式造型、色调花型、材料质地、工艺装饰等多方面因素的协调，将服装的功能性、舒适性以及造型等有机地结合起来，以多样统一的形式美原则来体现实用价值与艺术价值的完美统一。也就是说，服装设计的物化工艺与设计是相互融合、紧密相连的，而且服装工艺不只是指服装的缝纫制作及装饰，还包含了以各种技术手法进行的创新应用。服装在缝制过程中要通过工艺手段不断构思新的创意，从而使作品得到更好的表达。

作为赛事设计作品，由于其设计表现形式具有创新性的特点，服装工艺大多为半机械、半手工制作，有的作品可能手工制作的比重会更大，因此，设计作品物化工艺中必然会涉及嵌、镶、滚、包、镂、拼、贴、染、绘、绣等传统工艺形式。各种工艺技术手段的运用，在很大程度上体现着制作者的艺术修养和审美直觉。精湛的手工艺严谨到位、艺术性强，会令人感到有种精美的高品质境界所表达出的颇具震撼感的视觉享受。

通过赛事目标设计的服装工艺制作，能够对学生工艺技术能力的培养及创新性运用起到重要的促进作用。因此，学生须重视对工艺技术的学习与应用。正如德国包豪斯造型艺术学院院长沃尔特·格罗皮乌斯在他发表的《包豪斯宣言》中所说："艺术家与手工艺人之间不存在根本的差异，所谓'艺术家'乃是手工艺技术发展至高度境界后形成的——不纯粹地走技巧的路，而适当地学习工艺技术之基础，这对所有艺术家而言都是不可或缺的条件。这也正是所有创造性活动的最主要的源泉。"当今世界的许多服装设计大师都在学习各民族的服饰工艺技术，从中获得启发并创作出许多优秀的设计作品。

图5-4（b）、图5-8所示为《麻将异逐》系列服装作品的设计局部。该组服装在设计制作过程中，根据作品主题——麻将要素的表现形式，对服装款式结构关系及其相关装饰的工艺技术手段，进行了反复琢磨和实践研究，特别是在麻将要素的形态选择和成型固定

(a)

(b)

图5-8 《麻将异逐》作品局部

上颇费心思。麻将在块状形态的大小、薄厚、材质、重量、文字及其成型固定等方面，直接影响到服装的设计效果和成衣品质。在设计制作过程中，经过多次的研究与实践，最终确定麻将要素的工艺技术手段应用应以白皮革印字包裹硬质塑料壳来体现麻将的物理形状；以黏合剂在黑色网纱缉缝的方形皮革上粘接麻将块来固定，由此为服装设计作品中的主体核心要素表现探索出较为适当的工艺技术形式，如图5-8（a）所示。而在服装款式上进行的非常规结构的技术性研究，使服装造型具有寻常之中、意料之外的新奇效果，如图5-8（b）所示。

　　图5-9（a）所示是题为《红》的系列服装设计作品，这组服装的工艺手段运用突出表现在"朋克"式装饰性工艺的独具匠心方面，设计者以订书钉紧密排列的虚实、疏密、大小构成花卉图案。订书钉的金属材质光泽在红色丝缎的映衬下熠熠生辉，服装设计效果具有一种新奇、富丽的时尚感，如图5-9（b）所示。该系列服装获得"汉帛奖"第17届中国国际青年设计师时装作品大赛铜奖、最佳工艺奖。

　　图5-10（a）所示的系列服装设计作品名为《韵》。该系列作品工艺技术手段分别运用了镶缀、嵌缝、镂空、贴补，其中以镶缀、镂空结合贴补运用的手法最具特色。图5-10（b）所示的肩部及前胸侧处以丝绳盘绕叠加镶缀表现，形成毛皮袖与衣身亮面革材质及层次上的变化过渡，以满足视觉中心随之连续不断的流动。图5-10（c）所示是在服装领子与衣身处贴补蕾丝花型，并通过对蕾丝花型及皮革面料镂空的工艺技术运用，使简洁实用服装廓型中的精致细节耐人寻味。此组作品获得"应大杯" 第二届中国时尚皮装设计大赛金奖。

(a)

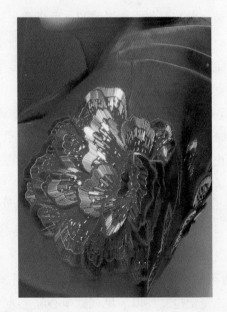

(b)

图5-9 《红》服装系列设计
（袁大鹏工作室于洋设计）

(a)

(b)　　　　　　　　　　(c)

图5-10　《韵》服装系列设计
（袁大鹏工作室董帅设计）

　　图5-11（a）所展示的是主题为《回》的系列服装设计作品。作品工艺手段运用以皮革面料的抽象花卉点状镂空、彩色丝绳的云纹形排列嵌缝为主。彩色丝绳云纹形嵌缝是这组服装

工艺表现特色的主线，贯穿于整体系列设计之中，而抽象花卉点状镂空是对不同款式个性特征的表现。图5-11（b）显示的是以不同形态、疏密、大小的点状镂空衬白，强调该款服装的细节层次感。而图5-11（c）中款式的面料点状镂空，则是以产生的虚实细节来烘托服装整体。此系列作品获得"汉帛奖"第19届中国国际青年设计师时装作品大赛银奖。

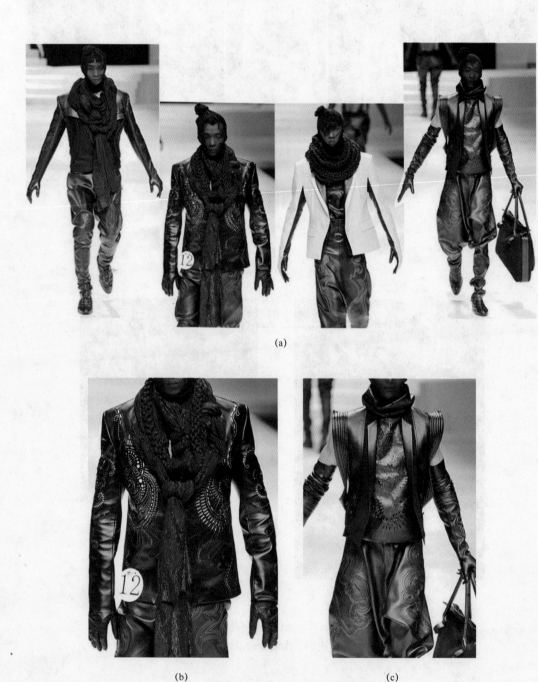

（a）

（b）　　　　　　　　　　　　　　　　　（c）

图5-11　《回》服装系列设计
（袁大鹏工作室方美玲设计）

二、其他设计作品实践

其他设计作品实践，指除赛事之外的各类有针对性的服装设计实践，如为发布会、服装生产企业、公司、服务性行业、学校、个人等定向设计制作服装。这类服装的设计制作不仅具有很强的针对性要求，包括服装设计中体现的行业性、文化性、时尚性及设计元素运用的控制等，同时还要有较好的服装功能性应用品质。从某种意义上讲，这一类别的服装设计作品实践已经带有很强的商品属性，学生能够参与这样的设计实践具有积极的现实意义，它为服装院校专业教学与社会接轨搭建起了桥梁。

（一）设计任务

由于非赛事之外的设计实践具有各种不同的目的性，其设计任务也有不同的特定要求。在承担相关设计任务之时，首先对"五W"原则相关信息、素材的收集与调研显得尤为重要。"五W"原则即为"Who"什么人穿、"When"什么时候穿、"Where"什么地点穿、"Why"为什么穿、"What"穿什么。从字面上看，"五W"原则通俗、直白，很好理解，但其中所蕴涵的文化理念及其相关因素却有着一定深意。

1. 设计目的确认

设计目的的确认除了对共性中的"五W"原则相关信息进行素材收集分析外，不容忽视的是，还要根据设计目的来充分研究目标设计中其他方面的因素。如为公司、企业做的目的性设计，不但要考虑该公司、企业的行业共性特征，同时还要考虑其公司、企业自身的文化层面和经营理念。只有充分将这些方方面面的因素考虑周全，并使之融汇升华为设计意识的综合性考量，才能最终实现设计的目的性。

图5-12所示的是为一家日式快餐店设计的店装，在设计之前需对设计目的进行确认，具体方法可遵循"五W"原则对这家快餐店进行相关信息的了解分析，即：第一是店内服务员穿着；第二是在工作时间穿着；第三是在具有日式木屋格调环境中穿着；第四是服装与环境风格协调统一，体现民族化与现代快节奏生活方式相融合的文化性；第五是用日本民俗服装元素结合现代快餐服务来表现服装款式。因此，根据这五个原则和经营者的一些想法和要求，最终才能形成一个汇集了各种因素，并且具有明确设计目的性的设计任务。

另外，针对社会个人的定向设计，带有高级定制体验式的设计已成为当今一种设计服务的新理念，而"五W"原则也已有了更具深意的拓展。现今社会上兴起的一些服装高级定制体验设计，侧重以人为本，在强调满足客户个体理性需求的同时，更强调满足顾客个人的感性需求——自我实现的渴望。这就需要设计者在使其拥有服装的同时能够拥有一段难忘、愉悦的经历。在这种情况下，服装设计的目的就不仅仅是为客户个体提供高品质的服装，还要更多地考虑如何在服装中增添一些人文情感所需体验的成分。如美国著名服装设计师拉尔夫·劳伦（Ralph Lauren）设计服装时，设想的是顾客的生活方式，对上述所说的"五W"原则做了更人性化的情境延展。他在设计一件服装时，会更多地思考人们穿上这件衣服会在什么样的场景出现，这个场景的桌面上会摆着什么样的装饰品等与氛围有关的问题。如果是围绕"狩猎"主题展开设计的服装，拉尔夫·劳伦会整合一批狩猎装备：结实的狩猎夹克、坚韧的猎装皮衣、狩猎风味毛衣、耐磨的湿地长靴、粗毡猎帽等，甚至连狩猎专用的枪支、装零碎小件的皮腰包、古董望远镜和风格粗犷的狩猎饰品等都会考虑进来，再配合展示厅墙壁上活脱脱的标本、猎犬的画面和古董家居，使服装设计成衣完成后，在这种精心布置所营造出的特殊视觉效果中，让人产生无限遐想。

当然，作为服装院校专业教学的社会课题实践环境，由于受到很多因素的制约，不可能等同于社会上这些顶级设计公司和高级定制工作室，即使有的院校面向社会的设计实践教学模式已比较成熟，具有较成型的运作方式和体系，但就其意识理念的深度和设计生产实践的商业化程度来讲，目前来看仍遥不可及。不过，这并不妨碍院校实践教学中引导学生对此方面的思考，使学生在进行社会课题实践中能够自觉加深对设计目的性的分析认识。

图5-12 日式快餐店装课题设计实践
（梁军工作室赵文女、张慧妍、赵春蕾等设计制作、拍摄）

2. 设计方案制定

设计的目的性确定之后，设计方案的制定是目的性设计理念实施的整体设想。此类设计方案的制定不同于赛事设计方案的制定，赛事设计方案注重方案的艺术性，方案中的服装设计效果图的人物形象可绘制为较夸张、较个性化的时装画，方案页面本身也要体现出较强的艺术性与时尚性。然而，针对社会企业、公司、个人等目标性设计，他们往往首先关注的是服装设计效果图，效果图中的人物形象及着衣状态基本要与现实生活中的人物形象接近。虽然这类设计方案中的效果图人物绘画可有一定的审美比例夸张，但它主要传达给客户的是服装设计的款式造型关系，以至于有的公司、企业在审查设计效果图的同时，对服装款式结构图、面料样品都要进行细致推敲。

　　图5-13（a）是为一家公司设计的企业形象装效果图手绘稿。公司对设计方案的要求，是以设计效果图能够直观表现企业文化、行业特点和服装款式的特色为目的。因而，服装用色限定在公司标志的黑、黄两色，款式要在对比鲜明、简洁大方中体现服装的功能性和审美性。由于服装设计提出的限定性因素，服装相关功能性的细节设计与色彩运用，以及设计图的绘画表现效果则成为设计的关键。图5-13（a）中的设计手绘稿，是经过手绘草图的推敲之后，再使用马克笔绘制而成的，图中黑、黄两色的线、面运用结合功能部件互为衬托、相互渗透，较好地构成了服装的款式关系，而人物形象舒展、大方、着装完整的审美比例以写实手法进行表现，进一步增强了服装设计效果的感染力。

(a) 工装效果图手绘稿　　　　　　　　　　(b) 工装应用

图5-13　企业工装设计实践
（梁军工作室设计）

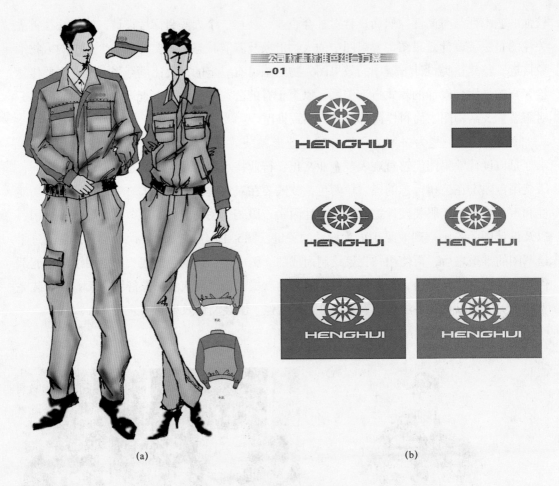

(a)   (b)

图5-14　企业工装课题设计方案
（梁军工作室杨超设计）

（二）作品设计制作

　　针对社会上公司、企业的目的性设计，其主要目的是通过教学与社会实践相结合，培养学生专业知识运用的综合能力，引导学生对商品性服装设计的认知与设计尺度的把握。学生入校学习在一二年级所进行的专业实训，大多是基础性的单项技能与设计审美修养方面的作业，而对服装设计的本质内涵理解还较粗浅。即使进入高年级参加赛事设计实践，其设计着眼点也多是放在作品设计艺术形式的表现上。虽然这些实践能够培养、锻炼学生的设计深度和设计创新性，但由于对服装设计艺术形式的过度强化，往往与服装的市场性脱节。然而针对社会应用的目的性服装设计制作，能够弥补这一欠缺，为学生全方位认识了解服装设计本质起到了重要作用。

　　定向的商品性服装设计，不但具有目的性的限定因素，同时还具有与设计制作相关的技术性要求，如服装结构的合理性、工艺技术的便捷性、面料的品质特性、批量生产的可操作性等，只有通过对此类服装的设计制作实践，才能更深切体会到服装设计的内涵。

1. 设计形式表现元素

作为社会定向的商品性服装设计，其核心价值在于设计元素表现形式的运用和对分寸感的把握，可以说它是目的性设计表达的内在灵魂。在此类服装中，设计元素的表现运用手法并不比赛事服装设计简单，设计元素往往是于内敛中体现特色、简洁中释放深邃，在整体表现形式上传达出目的性设计的文化特征。

为日式快餐店服务员设计服装时（图5-12），在设计元素面料的运用上，以中性色差的不同条纹制作衬衫和宽大的中长裤，衬衫款式以突出的白色斜门襟为设计亮点，使服装整体上带有较浓郁的日本民俗服的风格韵味；而常规的白色衬衫领、角巾帽、小围裙、黑色领结的运用，又显示出现代快餐业严谨、简洁、服务性、礼仪性的特点。总体来说，此款服装设计元素的运用，比较恰当地体现出日式快餐料理的文化特征。

图5-15所示是为某一城市新药特药公司门市药店设计的夏季服装，在设计上也融合运用了一定的民族元素。服装整体上采用中明度较柔和的蓝绿色面料，以体现药店的洁净、清雅、安详的氛围；前后白色育克、白色护士帽及袋口的白丝带装饰，构成服装明快的层次变化并揭示出其行业特点；右前胸处，草药植物花卉的刺绣图案外延至蓝绿色面料上，不但起到一种清秀的点缀作用，同时与领口、衣袖上的扣袢共同烘托出些许民族韵味，而衬衫上翼领的运用、短袖上的分片式开缝又使之与民族韵味形成碰撞感，服装设计表现形式在素雅中蕴涵着一定的文化性。

(a) 正面　　　　　　　　　　　　(b) 背面

图5-15　医药行业店装课题设计实践
（梁军工作室张衍雷设计制作）

以图5-13（b）展示的企业形象装为例，设计元素运用黑、黄两种颜色的相同质地面料进行局部拼接、穿插、呼应，款式结构上以收紧的袖口、腰口、裤口体现行业工作的特点。由于服装的局部细节与黑、黄两色搭配联系密切，促使服装设计效果既体现出企业文化和工业化生产特点，同时又表现出较好的视觉节奏感。这款服装为该公司树立良好的企业文化形象起到了重要作用，在与国内外企业或客商合作中，通过他们对服装的认可和好评，使公司的信誉度也得到了很大提升。

2. 工艺技术运用

针对社会上公司、企业的目的性服装设计，很多时候企业都要求制作出样衣成品，并通过设计制作的样衣最后审定设计效果是否达到目的性要求。因而，样衣成品的制作与赛事服装设计作品的制作同样显得尤为重要。对于此类目的性的服装设计，公司、企业不仅要看服装设计实物表现出的审美性和文化性，更关注服装本身所呈现的品质内涵。从目前国内服装院校专业教学实践状况来看，多数院校学生所做的课题或项目实践，对服装制作的品质性掌控还不是很到位。这其中原因不乏学生对服装工艺重视不够、服装制作工艺实践较少，但更主要的是，服装工艺教学缺乏严谨性要求和对工艺技术手段的深度指导，这种状况与工艺老师实践经验是否丰富、工艺技术是否全面有着直接关系。

服装院校专业教学中所开展的针对社会企业的目的性服装设计实践，其实就相当于模拟服装设计公司的运作模式，是以真实的社会生产实践课题来培养学生的专业能力。只是这种生产实践不是为了盈利，而是为了让学生通过亲身参与实践，以有效地实现学校专业知识学习与社会专业能力需要的过渡。因此，学生在社会目的性设计实践中，为其工艺技术的学习运用过程配备技术高超的工艺技师指导是不可缺少的关键因素。

图5-16所示是为某国有大型化工企业所属服装厂设计开发的学生运动装系列。该服装厂虽然规模不算小，但长期以来一直是生产加工行业工装，没有面向社会开发自己的产品，因而厂里没有专设的设计研发人员。随着社会的发展，企业的变革对行业优势产生较大的冲击，同时也为这样的服装厂家带来许多不确定因素。企业为了生存就要面向社会，开辟市场。此系列学生运动装设计正是在这种情况下，由服装厂家提出，委托学校作为实践教学承担的设计课题。

该项课题设计实践，共设计开发出十几个系列，几十款服装，图5-16中所示只是用替代面料制作的其中几款。这组学生运动装系列设计仍然以常规化的学生运动装校服样式为基础，强调色块的分割拼接，虽然款式上没有很特别的元素，但在拉链缝制的平伏性、松紧带与面料结合的缉缝、分割线牙边包绳等方面具有一定的工艺难度。由于样衣制作是在学校进行的教学实践，学校的工艺制作设备有限，从而对工艺制作具有一定影响。于是，经验丰富的服装工艺老师的指导与示范，对学生较好地完成设计样衣的制作起着重要作用。尽管学生制作完成的服装还有这样那样的瑕疵，但工艺老师细心、负责的指导，基本能够保证服装样衣的商品属性，使企业增加了对学校专业教学与人才培养的信任度，同时也使学生在企业课题的设计实践中得到了很好的锻炼。

(a)

(b)

(c)

(d)

图5-16 学生运动装课题设计实践
（梁军工作室于婧、钟宏杉、张丽楠设计）

参考文献

[1]梁军. 谈高校服装专业师生全接触的工作室教学[J]. 中国教育教学杂志，2006，12（146）.

[2]梁军，朱剑波. 服装设计——艺术美和科技美[M]. 北京：中国纺织出版社，2011.

[3]梁军，包阔. 论服装教学中的原创性设计造型与结构[J]. 艺术百家，2012（7）.

[4]梁军. 商业服务新理念下的服装高级定制体验设计[J]. 商场现代化，2008（21）.

[5]梁军. 服装设计实训的先导——原型省位转移延伸设计[J]. 中国科技信息，2005（15）.

[6]梁军，王超. 论服装设计艺术与技术的灵动[J]. 艺术教育，2012（2）.

[7]梁军. 论服装设计教学中的几个问题[J]. 东北电力大学学报，2003（3）.

[8]休·詹金·琼斯. 时装设计教程[M]. 北京：知识产权出版社，中国水利水电出版社，2006.